Klaus Stoevesandt

Im Selbstverständlichen

Schwere-Fragen

Klaus Stoevesandt

Im Selbstverständlichen
Schwere-Fragen

Eine Welt

voller verborgener Wunder

Abbildungen:
im Cover, S. 10, S. 56, S. 92 © Klaus Stoevesandt
S. 16 © K. Stoevesandt C-Planetarium 11.11.2012 : 4:45
S. 32 © bearb. K. Stoevesandt
        > https://astrokramkiste.de/nahe-sterne
S. 67 > https://de.wikipedia.org/wiki/Blatt_(Pflanze);
        beide gelesen 8/2020
S. 76 © Willi Heckes 2006
S. 84 >www.huffingtonpost.de/2015/12/24/nasa; gelesen. 2/2019

Bibliografische Information der Deutschen Nationalbibliothek:
Die Deutsche Nationalbibliothek verzeichnet diese Publikation in der
Deutschen Nationalbibliografie; detaillierte bibliografische Daten sind
im Internet über http://dnb.dnb.de abrufbar.

© 2020 Klaus Stoevesandt
Herstellung und Verlag: BoD – Books on Demand, Norderstedt
ISBN: 978-3-7519-9509-2

Inhalt

Für Lasse, Jule und Piet

stellvertretend

für die Kinder dieser Erde

Nur schwer lässt sich erahnen, was im Selbstverständlichen „Schwere Fragen" sein könnten. Wenn doch etwas selbstverständlich ist, wie sollte es dazu schwere Fragen, schwer zu beantwortende Fragen geben? Liegt darin nicht ein Widerspruch? Sachverhalte, die wir noch nicht wissen, fraglos übergangene Selbstverständlichkeiten, könnten jedoch neue Fragen hervorrufen. Wenn man einer Sache intensiver auf den Grund geht, wird Selbstverständliches oft fragwürdig.

Andererseits, alle Materie hat Schwere, hat Gewicht. Nach der Wirkung, aber auch nach der Ursache kann man fragen. Das werden dann buchstäblich Schwerefragen, Fragen zur Schwerkraft, genau genommen Fragen, warum ein Gegenstand überhaupt schwer ist, also ein mehr oder weniger großes Gewicht hat. Aus unseren Erfahrungen wissen wir, welche Körper leicht und welche schwer sind. Welche Gegenstände zu schwer sein werden um sie ohne Hilfe tragen zu können. Gehört es also zur Eigenschaft eines Körpers, welches Gewicht, welche Schwere er hat? Das ist wohl das unmittelbare Empfinden. So ähnlich dachten auch die Naturwissenschaftler bis zum Beginn der Neuzeit. Ein Körper könne nur durch unmittelbaren Kontakt hochgehoben, bewegt oder angetrieben werden. Bis in diese Zeit hinein war die über weite Räume reichende Fernwirkung der gravitativen Kräfte völlig unbekannt. Doch heute wissen wir, unter bestimmten Voraussetzungen gibt es auch Schwerelosigkeit, zum Beispiel in der Raumstation der ISS.

In diesem Buch werden Geschichten erzählt, in denen immer wieder von der Schwerkraft die Rede sein wird. Entweder spielt sie im Hintergrund mehr eine Nebenrolle, oder es geht ein anderes Mal direkt um die Wahrnehmung ihrer Wirkung. Für jeden von uns ist diese Kraft von Geburt eine solche Selbstverständlichkeit, dass wir sie kaum bewusst als solche wahrnehmen. Sie wurde überaus spät entdeckt, vor gut 300 Jahren, oder besser gesagt, als eine universal zwischen Massen wirkende Kraft erkannt. Ihre Ursache blieb bis in unsere modernen Zeit rätselhaft. Ihrem vielfältigen, allgegenwärtigen Wirken im vertrauten Erleben wollen wir auf die Spur kommen, auch in Orts- und Zeiträumen, die uns Menschen allgemein unzugänglich sind.

Einen Bezug haben die Erzählungen und Beschreibungen auf die Regelmäßigkeit und Berechenbarkeit der Stern- und Planetenbewegungen, denn hier fanden die Gesetze der Gravitation ihre eindeutige Bestätigung. Der Anfangserzählung liegt eine Sternenkonstellation zugrunde, die im November 2012 und eben auch ziemlich ähnlich zwei Jahre später zu beobachten war. Mit einem Computer-Planetarium kann sie leicht nachvollzogen werden. Die Gültigkeit des von Isaak Newton formulierten Gesetzes der Gravitation, das die universale Wirkung der Schwerkraft und der Körpermassen in und außerhalb unseres Erfahrungsbereiches so beschreibt, dass jede Bewegung genau berechnet werden kann, konnte ja vor allem nur durch die Himmelsmechanik des Planetensystems außerhalb der uns gewohnten Umgebung bestätigt werden. Jedes Planetarium ist in seiner Mechanik oder mit den im Computer hierfür verwendeten Algorithmen des Gravitations-gesetzes Sinnbild dieser Tatsache. Deshalb können die in den Kapiteln 1, 2 uns 13 beschriebenen Konstellationen heute noch nach über acht Jahren von jedem Computer mit Hilfe eines installierten Planetariums sekundenschnell und mühelos nachgestellt werden. Eine Sonnen- oder Mondfinsternis kann man deswegen auf die Sekunde genau vorausberechnen. Für Wettererscheinungen ist dies dagegen nicht möglich, wie eigentlich jedermann weiß.

1. Sternenhimmel mit Milchstraße

Es war am Sonnabend des 10. November 2012. Unser Vorhaben an diesem Abend einen klaren Sternenhimmel zu beobachten, am Rande der ebenen Wattwiesen einer Nordseeinsel, fernab von jedem künstlichen Licht. Das war keine Selbstverständlichkeit in heutiger Zeit. Ein kleines Lagerfeuer vermittelte uns Geborgenheit. Vor eineinhalb Stunden sahen wir einen Sonnenuntergang, wie man ihn nur selten erleben kann, als der rotglühende, eigentlich exakt runde Ball elliptisch verformt hinter dem Horizont des Wattenmeeres versank. Einen Sternenhimmel unverfälscht von künstlicher Beleuchtung zu erleben, das war unser Ziel.

Es ist gerade 18.00 Uhr. Nun leuchten die ersten Sterne auf, zum Beispiel noch schwach die Sterne des großen Rechtecks des Pegasus im Südosten. Am klaren Südwest-horizont zeigt sich sogar noch das ruhige, rote Licht des Mars, unseres Nachbarplaneten, der der Sonne in diesem Monat mit fast zwei Stunden Abstand folgt. Unser bescheidenes kleines Feuer könnte dort, auf dem Mars gar nicht entfacht werden, auch auf keinem anderen Planeten unseres Sonnensystems.

So erwarten wir hier eine sternklare Nacht, wie wir sie aus der Zeit unserer Jugend in Erinnerung haben. Noch verbergen die Reste der Abenddämmerung das Band der Milchstraße.

Gut können wir jetzt einer Linie von Nordosten über den Zenit folgend die Sternbilder Großes W (Cassiopeia), Schwan und Adler erkennen. Hier muss auch in weniger als einer Stunde der Rand unserer Weltinsel als Lichtband erkennbar werden. Die Luft wird kühl. Nur von vorn spendet das Feuer etwas Wärme, eine über mehrere Jahre gespeicherte Sonnenwärme, die uns nun sehr willkommen ist, uns vor allem die Hände wärmt. Die Pyramide der Holzscheite sinkt in sich zusammen, weil die weiße Asche sehr leicht ist. Von keinem Luftzug gestört steigt der weiße Rauch zur Mitte des Himmels auf, als könnte er diesen irgendwie erreichen. Wir müssen nachlegen. Flammen züngeln aufwärts, blenden ein wenig unsere Augen. Die Welt um uns herum versinkt in Schwarz. Auf den Glanz des Nachthimmels haben wir hier gewartet.

Vom Feuer müssen wir zurücktreten in die völlige Dunkelheit, die Augen gewöhnen. Uns bietet sich nun ein überwältigender Anblick. Das silbergraue Band der Milchstraße spannt sich über den gesamten Himmel, vom südwestlichen bis zum östlichen Horizont. Das tiefschwarze Himmelszelt übersät mit einem unzählbaren Gewimmel von Sternen unterschiedlichster Leuchtkraft. Schwer fällt es uns sogar, in dem verwirrenden Gefunkel die uns eigentlich bekannten Sternbilder aufzufinden. Eine gute Hilfe bietet uns nun das den Himmel überspannende Band der Milchstraße, da uns die Sternbilder des Nordhimmels entlang dieses grauweißen Bandes einigermaßen bekannt sind. Dort, wo im Südwesten vor einer Stunde der rote Planet Mars unterging, finden wir nun die Sterne des Schützen. Von dort weiter der galaktischen Straße folgend den Himmel hinauf können wir den Adler erkennen, dessen hellster Stern Atair sozusagen den Ursprung für die beiden großen Schwingen bildet, die ihn weiter zu tragen scheinen zum Schwan, dem großen Kreuz des Nordens mit Deneb, seinem hellen Kopfstern. Über die unscheinbare Eidechse, fast ein zu kleines und unscheinbares "W", finden wir schließlich das bekannte, zu jeder Jahreszeit sichtbare Sternbild der Cassiopeia, das große "W". Diese "Straße" weiter verfolgend über die Sternengruppe des Perseus stoßen wir schließlich im Osten auf die sich ankündigenden Wintersternbilder Fuhrmann mit der hellen Capella und noch horizontnah den Stier, dessen Hörner noch längs der Horizontlinie zu liegen scheinen. Und dort, zwischen diesen Hörnern ein strahlender Stern mit auffallend ruhigem Licht. Es ist Jupiter, der größte Planet unseres Sonnensystems.

Dieser riesige Gasplanet wird als hellstes Nachtgestirn im kommenden Winter den Himmel beherrschen. All dies zeigt uns dieser klare Novembernachthimmel, etwa eine Stunde nachdem der rote Mars am westlichen Horizont versank. Dessen Licht brauchte etwa 18 Minuten um uns zu erreichen, weil er zur Zeit in weiter Entfernung jenseits der Sonne langsam seine Bahn zieht. Wir sehen den sehr hellen Jupiter im Südosten, dessen Licht schon mehr als eine halbe Stunde bis zu unseren Augen unterwegs war. Das Licht der helleren Nachbarsterne, die am Himmelszelt schon in der Dämmerung erkennbar wurden, war mindestens 5 Jahre und bis zu 100 Jahren zu uns unterwegs, also über eine gesamte mögliche Lebenszeit des Menschen. Das Licht des überwältigenden "Heeres" der glitzernden, kleineren Sterne, die wir bei diesem klaren Wetter sehen können, kommt oft erst nach tausenden von Jahren, das von der Milchstraße nach zehn- bist hunderttausend Jahren bei uns an. So schauen wir nicht hinauf an ein hohes "Himmelszelt", sondern tief hinein in die Vergangenheit des Universums. Licht erreicht uns aus Entfernungen, die sich überhaupt jedes menschlichen Maßes und jeder Vorstellungskraft entziehen müssen. Wir fragen uns, auf welchen Wegen wir Menschen zu einem Wissen gelangen konnten, das unsere eigene Vorstellungskraft übersteigt. Dies alles ist aber sichtbar für unsere Augen in einer klaren Nacht ohne Mondschein. Was wir so sehen können gehört zu der uns umgebenden Welteninsel, von denen es in unendlichen Entfernungen abertausende geben soll. Was aber hält diese unsere Welteninsel zusammen?

Die gleiche Kraft soll es sein, die uns hier auf dem Boden hält, auf dem wir stehen. So erleben wir Erde und Himmel in der vertikalen Schwerkraftlinie. Es erfüllt unser "Gemüt mit Bewunderung und Ehrfurcht: der bestirnte Himmel über uns [.....]", formulierte schon Immanuel Kant beim Blick von unten nach oben. Von den unermesslichen Dimensionen des Weltraumes konnte er noch nichts wissen. Lediglich die Planeten, vor allem der Mond und auch die Sonne bewegen sich in Entfernungen, und sie werden in diesen gehalten, für deren Maße wir noch eine gewisse Vorstellungskraft besitzen. Sie bestimmen die uns vertrauten Zeitmaße unserer Tage, Monate und Jahre.

Nun wird uns kalt. Für uns, die wir uns für den Sternenhimmel begeistern können, eine vertraute Erfahrung. Doch zurück müssen wir, uns an der verbliebenen Glut wärmen, noch ein paar kleine Scheite nachlegen. Kleine, helle Flammen lodern auf, der Sauerstoff der frischen, kühlen Luft gibt ihnen Nahrung. Alles, was lebt, ob schlafend oder wachend, braucht ihn als ständige Nahrung um weiter leben zu können, um Lebensenergie zu tanken. Selbst die Blätter aller Pflanzen brauchen ihn nun, um weiter Energie für die vielfältigen Stoffwechselprozesse bereit zu stellen, solange das Sonnenlicht fehlt. Nur im ständigen Fluss der Energie schreitet das Leben fort. Mit Immanuel Kant müssten wir sagen: "Die Vernunft entrüstet sich bei dem Gedanken, all das dem Zufall zuzuschreiben."

Doch in unserer Zeit sind wir der Gefahr ausgesetzt, diese Natur zu verdrängen, sie unserer Gleichgültigkeit und Ignoranz auszusetzen. Die künstliche, virtuelle Menschenwelt verdeckt diese einmalige Welt des Lebens und der Gestirne, doch nur in dieser können wir leben. Nein, noch haben wir es hoffentlich nicht vergessen, auch nicht in heutiger Zeit, dies Selbstverständliche; diesen Himmel über uns und diese Erde, auf der wir staunend stehen; dieses Feuer, Wärme aus dem Ursprung des immer strömenden Sonnenlichtes, dieses Gleichmaß von Tag und Nacht, das unsere Zeit bestimmt.

Nach all dem Erleben drängt es uns aber in unsere Zelte, in die warmen Schlafsäcke. Vorher ist noch das

Feuer zu löschen. Die letzte Glut zischt auf unter dem kleinen Wasserschwall, den wir in einem Eimer bereitgestellt hatten. Noch die Scheite auseinander ziehen, damit kein Glutherd verbleibt, und eine Feuerwache sich erübrigt. Wir wollen wieder früh heraus, kurz vor 5 Uhr, um den Aufgang des hellen Morgensterns, der Venus und dann die ganz schmale Mondsichel zu erleben.

2.   Der Morgenstern und die Mondsichel

Dunkel ist es noch. Schlaf aus den Augen reiben, die Gedanken ordnen, die Freunde wecken. Ach ja, den Mondaufgang gleich in der Nachbarschaft des Morgensterns erwarten wir. Jetzt aufstehen, das ist keine Selbstverständlichkeit. Ist es denn schon soweit? Die Leuchtziffern der bereitgestellten Uhr bestätigen: Es ist kurz vor halb fünf. Jetzt aus dem warmen Schlafsack in die noch kalte Morgenluft. Das kostet doch einige Überwindung. Vielleicht reicht es, den Zeltverschluss zu öffnen. Wir haben ja mit Vorbedacht den Eingang nach Osten ausgerichtet.

Dicht am Boden einige Nebelschwaden. Zum Glück ist der Blick zum Horizont einigermaßen frei. Eine Handbreit darüber erblicken wir das trapezförmige Sternbild des Löwen, als stiege es hinauf im Himmelsgewölbe. Etwas weiter nach Nordosten hin sendet Arktur im Bärenhüter sein Licht zu uns. 36 Jahre war das Licht, das wir sehen zu uns unterwegs. Wir können in unsern Schlafsäcken ein wenig warten, müssen uns nicht erheben. Unaufhaltsam rollt der Erdplanet gegen den Uhrzeigersinn gen Osten, lässt scheinbar die Sterne dort aufgehen. Es ist ja noch vor 5 Uhr, früher Morgen. Hell strahlt im Osten als Morgenstern die Venus etwa eine Handbreit über dem Horizont mit ihrem ruhigen, silberweißen Licht. Rechts davon sehen wir die noch schmale Mondsichel etwas höher über dem Horizont. Mond und Venus leuchten wie Partner am Morgenhimmel.

Hätten wir ein leistungsfähiges Teleskop mitgebracht, würden wir erkennen, dass die Venus zur Zeit auch eine kleine Sichel zeigt, nur viel kleiner als der Mond. Nicht erkennbar für uns mit bloßem Auge. Fast in

Bötchenstellung weist die helle Mondseite hin auf die noch weit unter dem Horizont stehende Sonne. Sie wird ja erst in etwa zwei Stunden am Horizont erscheinen und alle Sterne mit ihrem Morgenlicht überfluten. Noch zeigen sich die blinkenden Fixsterne am Nachthimmel vor dem herannahenden Morgen.

Wir schauen aus der Zeltöffnung nach Osten, dem aufsteigenden, morgendlichen Himmelsschauspiel entgegen rollend. Mit immerhin gut 180 Meter pro Sekunde, also etwa 1000 km/h werden wir vom Erdglobus in Richtung Osthorizont auf unserem Breitenkreis vorangetrieben. Von dieser Bewegung allerdings verspüren wir nichts. So scheinen die Sterne von dort kommend über uns hinweg zu ziehen.

Halb verschlafen, mal wachend, mal träumend folgen wir dem Lauf der Zeit mit kühlem Kopf, aber im wärmenden Schlafsack geborgen. Nach zwei weiteren Stunden, der Morgenstern und die Mondsichel stiegen schon mehr als eine Handbreit über den Horizont hinauf, beginnen die andern Sterne zu verblassen. Die Morgendämmerung kündigt sich an. Über den unteren Rand des morgendlichen Himmels erscheint in ruhigem, mattem Licht der Planet Saturn. Eine gedachte Verbindungslinie von der Venus zum Saturn beschreibt etwa die scheinbare Jahresbahn der Sonne und weist auf die heraufziehende Sonne hin. Noch grüßen am Horizont die Lichter vom Festland herüber, aber am Himmel verblassen allmählich die anderen Sterne. In gut einer Stunde erwarten wir einen wunderbaren Sonnenaufgang, etwas, das man nicht erklären oder begründen muss, etwas ganz Natürliches! - etwas Selbstverständliches? In zwei Tagen wird Neumond sein.

Es wird Zeit aufzustehen. Gegen die Schwere des nächtlichen Lagers den Körper aufrichten. Schnell in die Wärme bewahrende Kleidung schlüpfen. Nun aus normaler Augenhöhe blicken wir weit über das Watt hinaus. Doch das Wasser kommt erst langsam. Nach 11 Uhr wird die Flut ihren höchsten Punkt erreicht haben. Sahen wir nicht gegen kurz nach 7 Uhr die Sichel des Mondes aufgehen? Dann wird der Mond gegen 11 Uhr im Süden seinen höchsten Stand dieses Tages erreicht haben. So folgt das Wasser dem Lauf des Mondes täglich in zwei mehr oder weniger großen Wellen - zweimal Flut und zweimal Ebbe an einem Tag. Die zweite Welle jedoch auf der dem Mond gegenüber liegenden Seite der Erde bleibt gegen die Zugkraft des Mondes zurück, gleichsam im Schatten seiner Kraftwirkung hebt sich das Wasser in der Gegenrichtung. Aus einer Entfernung von etwa 60 Erdradien vermag die Schwerkraft des Mondes das Meerwasser je nach Küstenverlauf um einige Meter zu heben. Die Kraft der Schwere, der Gravitation, durch den Weltraum wirkend, ist Ursache für dieses "Atmen" im Wattenmeer für den Tidenhub. Außerdem stehen Mond und Sonne, wie wir ja gesehen haben, sehr dicht zusammen. Ihre Gravitationskräfte werden sich addieren. Selbst Galilei, der Pionier der modernen physikalischen und astronomischen Forschung konnte diese wirkende Ursache des Mondes und auch der Sonne als eine aus der Ferne wirkende Kraft noch nicht anerkennen.

Die Kraft, die alle Körper nach unten, nein, zum Mittelpunkt des Erdkörpers zieht, kennen wir von

Kindesbeinen aus unmittelbarer Erfahrung. Es ist die gleiche Kraftwirkung, die vom Mond aus die Gezeitenwellen der Meere bewegt, die gleiche, die den Mond auf seiner Bahn hält, die die Bahnen der Planeten um die Sonne bestimmt. Die Sonne folgt nun ihrer scheinbaren täglichen Bahn, im November einem recht flacher Bogen.. Mittags wird sie deswegen nur eine gute Handbreit über dem Horizont stehen. Auch ihre Gravitationskraft wirkt über eine Entfernung von etwa 150 Millionen Kilometer auf Flut und Ebbe. Aus gleicher Richtung wirkend addieren die die Kräfte von Mond und Sonne und erzeugen eine Springflut mit höherem Wasserstand. Eine so genannte Nippflut mit geringerem Hochwasser tritt ein, wenn Sonne und Halbmond im rechten Winkel zueinander stehen und so gegeneinander wirken.

Den Küstenbewohnern sind diese regelmäßigen Naturerscheinungen im Zusammenspiel mit Wind und Wetter nur zu vertraut. Sie müssen mit den dynamischen Kräften der Natur leben. Sie kennen auch die Gefährdungen, die von ihnen ausgehen können, wenn zusätzlich noch die Kräfte stürmischer Winde hinzukommen.

Auf unserem Rückweg ins Dorf erklimmen wir den Deich, der im Halbrund die Siedlungen der Menschen gegen Sturmfluten schützen soll. Vor Jahrzehnten ist er wieder einmal erhöht und mit einem wellenbrechenden Deichfuß ausgebaut worden. Wir blicken über den im Sonnenlicht silbernen Wattboden. Die Priele füllen sich. Das Wasser kommt. - Die Flut, ein gravitativ verursachtes "Einatmen" des Meeres.

3.   Vom Gewicht der Dinge und der Schwerelosigkeit

"Meine Arme sind schwer." - "Meine Beine sind schwer." Sprachformeln der Suggestion im autogenen Training ermöglichen im Liegen eine intensivere Erfahrung der Schwere in tiefer Entspannung. Stehen wir dagegen aufrecht, ist ein abgestimmtes Maß der körperlichen Anspannung nötig. Hier spüren wir die Schwere weniger bewusst. Unbewusst sind jedoch Gleichgewichtsorgane, Nervenzellen und Muskeln ständig damit beschäftigt, die eigentlich labile aufrechte Haltung in der Senkrechten zu stabilisieren. Einige Gläser Wein können genügen, um dieses Zusammenspiel der Nerven- und Muskelreaktionen erheblich zu verzögern. Man kommt schneller zu Fall. Ein Sturz, wenn auch aus geringerer Höhe, kann für Lebewesen unserer Größe schon zu ernsthaften Verletzungen führen.

Völlig anders sieht es für Tiere aus, deren Gewicht mehr oder weniger unter einem Kilogramm liegt. Sie überstehen mühelos Stürze aus mehreren Metern Höhe. Schon das Wort Gewicht verdeckt hier Ursache und Wirkung, als sei das Gewicht das Merkmal eines Körpers. Diese Vorstellung der antiken Wissenschaft hat sich hartnäckig bis zum Beginn der Neuzeit, bis zur Apfellegende des Isaak Newton gehalten. Nur die Erdenbürger, denen es vergönnt war, mit Hilfe der Technik, in einer Raumstation dem Bann der Erdmasse zu entfliehen, konnten dies wirklich verspüren, die Schwere zu "verlieren". So können wir uns das eigentlich gar nicht vorstellen ohne Schwere, das heißt schwerelos zu sein. Im Gegenteil stellt sich eher eine panische Reaktion beim Verlust des Schweregefühls ein, so als fiele man ins

Bodenlose. Ein Fallschirmspringer kennt natürlich dieses freie Fallen als ein ihn berauschendes Gefühl. Er fühlt sich sicher, dass der Fallschirm ihn immerhin einigermaßen sanft auf dem Erdboden absetzen wird.

Wäre der Himmel unserer Erde ständig mit einer dicken Wolkendecke verhüllt, hätten wir nie Sonne, Mond geschweige denn Sterne gesehen, nur trübe Tage und dunkle Nächte. Unsere Erde wäre nur die einzige Welt, von der wir Kenntnisse hätten. Vom Gewicht eines Körpers spräche man dann nur als einer ihm zugehörigen Eigenschaft; keine andere Ursache, nur die unmittelbar erlebte Schwere der Körper würden wir kennen. Die Gewichtskraft eines Körpers käme dann eine größere Bedeutung zu als dem Maß für seine Masse, die man in einem Karussell oder auf der Achterbahn spüren kann.

Seit Galileo Galilei begann der Gedanke allmählich Raum zu gewinnen, die Erscheinungen der Natur ließen sich genauer mit Zahlen beschreiben, gewissermaßen mit formalen Berechnungen exakt bestimmen. Formeln für bestimmte Sachverhalte mussten natürlich erst herausgefunden werden, bis man daraus überall gültige Naturgesetze formulieren konnte. Hier lag der Ursprung der exakten Naturwissenschaften. Die Natur wurde berechenbar. Über Johannes Kepler und Isaak Newton wurde schließlich deutlich, dass diese Naturgesetze nicht nur auf der Erde gelten, wie man früher dachte, sondern allgemeingültig für das gesamte Weltall. Die Kräfteverhältnisse, die Newtons Äpfel zum Boden fallen lassen, bestimmen auch das "Herumfallen" des Mondes um sein Zentralgestirn, die Erde. So begann eine gedankliche Eroberung des Universums. Was vorher so einfach zu erklären war und auch der Wahrnehmung entsprach, wurde nun zu einem Rätsel, das bis auf den heutigen Tag noch nicht vollständig und gültig verstanden ist. Wie kann eine

Kraft über kaum vorstellbare Entfernungen durch einen sonst leeren Raum wirken? Wie ist dies ohne eine feste Verbindung möglich? Selbst für Galilei war das noch unvorstellbar. Kepler nahm noch eine Art magnetischer Kraft an, um den unterschiedlich schnellen Umlauf der Planeten Mars und Erde auf den von ihm neu entdeckten elliptischen Bahnen erklären zu können. Je mehr Merkmale man aufdeckte, desto mehr rätselhafte, neue Fragen ergaben sich.

Stellen wir uns einmal einen grenzenlosen, völlig leeren Raum vor. Mit unseren Gedanken können wir das, wenn es auch eine absurde Vorstellung bleibt. Sodann sei nur ein einziger Körper darin völlig allein. Er hätte kein Gewicht. Genauer, es wirkt auf ihn keine Gewichtskraft. Dies ist eine unserer Erfahrung widersprechende, völlig abstrakte Gedankenkonstruktion, weil wir hierbei die Räume unserer Umwelt überschreiten. Trotzdem ist der Gedanke logisch, weil er erklärt, warum die Sterne nicht vom Himmel fallen.

Nun, zwei Körper allein in einem sonst völlig leeren Raum. Zwischen beiden wirkt eine Kraft, die sie zusammenzieht. Johannes Kepler hatte diese Kraft anfänglich mit einer Art magnetischen Kraft verglichen, die zum Beispiel Planeten auf der Bahn um die Sonne hält. Die Kraft der Schwere wirkt aber ausschließlich anziehend, ist viel schwächer als die magnetische Kraft, reicht aber über die unvorstellbar großen Entfernungen des Weltraumes. Allerdings: Je größer die Massen der Körper und je geringer der Abstand, desto stärker wirkt diese Kraft zwischen den beiden Körpern. Durch den leeren Raum wirkt diese rätselhafte Kraft, als wäre zwischen beiden ein unsichtbares Gummiband gespannt. Im Gegensatz zum Gummiband wächst aber die wirkende Schwerkraft bei einer Verringerung des Abstandes.

Auf unserer Erde werden wir also festgehalten, als wären wir mit diesen merkwürdigen, unsichtbaren Gummibändern zum Zentrum des Erdballs verbunden. Was unten ist, weist wie ein Lot zu diesem Zentrum. Der runde Erdglobus und ich kleiner Mensch allein, das wäre unser Gedankenexperiment von den zwei Körpern. Dass ich meinen Körper als gewichtig und mit einer ihm innenwohnenden Schwere empfinde, entspricht meiner täglichen Erfahrung. Dies wäre aber ohne die gewaltige Masse des Erdballes keine Realität. Nach den Berichten und Erfahrungen aus der modernen Raumfahrt sind uns diese physikalischen Zusammenhänge etwas vertrauter. So lernen wir heute in den Naturwissenschaften die Masse (gemessen in Gramm) von einer Kraft (gemessen in Newton, früher in Pond) zu unterscheiden. Doch im täglichen Erleben erkennt man in einem Findling einen schweren Stein, als sei dies eine seiner Eigenschaften.

Ein irreales Gedankenexperiment wäre es, wenn man annimmt, wir könnten einen Brunnenschacht zum Beispiel vom kleinen Staat Sergipe an der Atlantikküste Brasiliens ausgehend durch den ganzen Erdball senkrecht hindurch bohren. Wir würden im Tiefseegraben vor der Inselgruppe der Marianen Mikronesiens herauskommen. Hier wären uns ja sogar noch 11 km Bohrstrecke geschenkt. Was würde geschehen, ließe man nun in Brasilien einen Stein in den Brunnenschacht fallen? Käme er im Marianen-graben an? Und das pazifische Wasser, das ja nun in umgekehrter Richtung den Brunnen stürzen würde? Würde es in Brasilien herauskommen?

Der Körper des Erdplaneten mit der unvorstellbar großen Masse von etwa 6 Quadrilliarden Kilogramm (eine 6 mit 24 Nullen) und die unterschiedlich großen Massen der Körper im Bereich seiner Oberfläche werden also mit entsprechend unterschiedlich großer Kraft gegen den Erdmittelpunkt gezogen. Zum Glück haben wir hier an Land festen Boden unter den Füßen. Die großen Gasplaneten Jupiter oder Saturn würden diese Voraussetzung nicht bieten. Der größte Teil der Erdoberfläche ist allerdings von Wasser bedeckt. Auf dem Wasser zu wandeln ist uns offensichtlich aus den Bedingungen der beschriebenen Kräfteverhältnissen nicht gegeben.

4. Vom Wasser aufs Land gegen die Schwerkraft

Das Wasser der Meere ist voller Leben. Jedoch, das Leben neigt dazu, neue Räume zu erobern. Schon die Schwerkraft, von der wir hier ja immer noch sprechen, war dafür verantwortlich, dass sich das Leben zunächst nur im Wasser entwickeln konnte. Wasser, ein ideales Medium für kleine und auch große Lebewesen, ermöglicht freie Bewegung ohne Bodenhaftung. Gewissermaßen ist die Schwerkraft im Wasser aufgehoben, das Wasser trägt, weil lebende Materie ohnehin aus sehr viel Wasser besteht. So ist es kein Wunder, dass erst sich im Wasser schon vor knapp vier Milliarden Jahren das erste Leben die ersten Vorläufer der Einzeller entwickeln konnten. Bis heute hat sich der Stammbaum der Lebewesen weiter entfaltet. Er enthält sowohl Zweige, die abstarben als auch solche, die sich in viele unterschiedliche Gestalten verzweigten, deren Arten sehr verschiedene Lebensräume besiedelten oder in Nischen überleben konnten. So war für die immer größer werdenden Tiere im Wasser das Gewicht ihres Körpers, ihre Masse also überhaupt kein Problem. Sie konnten sich ohne Mühen in jede Richtung, auch nach oben und unten frei bewegen.

Für das sich weiter entwickelnde Leben stellte schließlich die Eroberung des aus dem Wasser herausragenden festen, felsigen Bodens eine der größten Herausforderungen dar. Pflanzen und Tiere, um hier überleben zu können, mussten stützende feste Stiele oder Skelette hervorbringen. Für Insekten, Würmer oder Reptilien, solange sie nicht eine bestimmte Größe überschritten, war die auf sie nun wirkende Kraft der Schwere noch kein allzu großes Problem. Je größer und höher sie gewachsen waren, musste die Rinde oder das Skelett eine immer größere Festigkeit aufweisen. Ein Vergleich der Bodenpflanzen mit den verschiedenen Baumarten zeigt dies mehr als deutlich. Schließlich bedeutete der aufrechte Gang des homo erectus, eines sich weiterentwickelnden "Steppentieres", eine neue Stufe der Evolution. Sie erforderte neue Anpassungen in dem Aufbau des Skelettes.

Die Körpergrößen könnten in der Fantasie sehr unterschiedlich sein. Jonathan Swift hat seine Erzählungen von Gullivers Reisen ins Land der Zwerge und der Riesen im Anfang des 18. Jahrhunderts eigentlich mehr als einen satirischen, sozialkritischen Roman verfasst. Er war verbittert über die zeitgenössischen Missstände. Diese Abenteuerreisen können die statischen Probleme der Flora und Fauna auf dem Lande sehr gut verdeutlichen. Hier verlassen wir also das uns Selbstverständliche und reisen in Länder der Fantasie.

Wie der um das Sechsfache größere Gulliver von den vielen, kaum 6 Zoll (ca. 30 cm) großen Winzlingen über Wochen gefangen gehalten werden kann, das ist ja schon eine spannende und anregende Geschichte. Aber dann die Erzählungen aus dem Land der Riesen, wo Gulliver Angst empfindet zertreten zu werden, das sind Traumgeschichten von anderen Welten, die viel Vorstellungskraft herausfordern. Kann es solch ein Land der Riesen wirklich geben, von dem Jonathan Swift erzählt? Ein Alptraum ist dies für Kinder und für die Erwachsenen eine etwas merkwürdige Frage.

Für unsere Frage nach den Rätseln der Schwerkraft wäre dies allerdings doch von entscheidender Bedeutung. Verschlagen in ein unbekanntes Land sei Gulliver an einem Feld angekommen, auf welchem Gerste wuchs mit Halmen von 40 Fuß Höhe. Hier seien ihm auch Riesen begegnet, die auf dem Felde mit entsprechend großen Sensen arbeiteten. Einmal habe er sich hier auch gegen riesige Wespen wehren müssen. Vier habe er mit seinem Säbel erschlagen können. Wespen in der Größe des Erzählers?

Die Wissenschaft von der Natur, die Physik, kann zeigen, dass es ein solches Land der Riesen nicht geben kann. Ein Gerstenhalm von 40 Fuß (also etwa 13 m) Höhe, würde auch bei entsprechendem Durchmesser des Halmes der auf die Ähre wirkende Gewichtskraft nicht standhalten können. Einem Riesen aus dem von Gulliver beschriebenen Land würden unter seiner Last die Knochen brechen. Auch die Bäume könnten nicht in den Himmel wachsen. Galilei hat schon im Jahre 1638 dieses Phänomen in seinen "Unterredungen und mathematischen Demonstrationen" in einem Lehrgespräch dreier Freunde der Naturwissenschaften verdeutlicht: *"Hieraus erkennen wir nun, wie weder Kunst noch Natur ihre Werke unermesslich vergrößern können, so dass es unmöglich erscheint, immense Schiffe, Paläste oder Tempel zu erbauen, [....] wie andererseits die Natur keine Bäume von übermäßiger Größe entstehen lassen kann, denn ihre Zweige würden schließlich durch das Eigengewicht zerbrechen; auch können die Knochen der Menschen, Pferde und anderer Tiere nicht übergroß sein und ihrem Zweck entsprechen, denn solche Tiere könnten nur dann so bedeutend vergrößert werden, wenn die Materie fester wäre und widerstandsfähiger, als gewöhnlich:"*[1]

Galileis Argumentationen in diesem Buch sind für uns nur sehr mühsam nachzuvollziehen, weil sie noch nicht

1 Galilei, Galileo: Unterredungen und mathematische Demonstrationen über zwei neue Wissenszweige, die Mechanik und die Fallgesetze betreffend, Herausgegeben von Artur von Oettingen 1964
Wissenschaftliche Buchgesellschaft Darmstadt S. 108

den uns geläufigen mathematischen Formeln entsprechen. Es sind dies ja Gesetzmäßigkeiten der Statik, die jeder Architekt eines Bauwerkes zu berücksichtigen hat. Wenn wir nun Galileis Beweisführung auf diese Gesetze übertragen, können wir es vereinfacht so ausdrücken. Die Belastbarkeit, die Bruchfestigkeit z. B. eines Baumastes wird von seiner Querschnittsfläche und einer Materialkonstanten bestimmt, also proportional zum Quadrat des Durchmessers. Die darauf wirkende Gewichtskraft (wenn wir hier zunächst von Hebelwirkungen absehen) berechnet sich über seine Masse, also über den Rauminhalt und die spezifischen Werte des Materials. So wächst die Bruchfestigkeit nur mit den Werten des Flächenmaßes (m^2), die darauf wirkende Gewichtskraft aber mit Werten des Raummaßes (m^3). Die Werte der wirkenden Kräfte der Schwere wachsen also in wesentlich größeren Schritten, als die Werte der Belastbarkeit.

Als die lebenden Organismen vor etwa 450 Millionen Jahren begannen, die Wasser des Meeres und der Seen zu verlassen um erst die Uferzonen und dann das Land zu erobern, wurde es erforderlich, sich an diese völlig neuen Gesetze anzupassen. So ist es kein Wunder, Tierriesen aus der Klasse der Säugetiere, die Wale nur im Meer aufzufinden. Man zählt sie zur Reihe der Landwirbeltiere, die wegen ihrer Körpergröße nicht mehr am Land überleben konnten, sondern vor etwa 50 Millionen Jahren in das sie stützende "Element des Wassers" der Meere zurückwanderten. Sie konnten sich dort zu ihrer unheimlichen Größe entwickeln. Der Größte in seiner Ordnung der Wale ist wohl der Blauwal mit über 30 Metern Länge und etwa 200 Tonnen Masse. Gestrandet würden einem solchen Wal an Land aufgrund der Schwerewirkung die Rippen brechen und die Lunge kollabieren. Das Land der Riesen, in welches Swift Kapitän

Gulliver geschickt hatte, ist also in den Bereich der Fabel zu verweisen, gewiss eine lehrreiche, so wie es beabsichtigt war. Nicht anders steht es um dessen Reise ins Land der Liliputaner, der kleinen Wichte, die mühelos auf Gullivers Hand hätten Platz nehmen können. Bei einem Sprung aus seiner Hand in die Tiefe bestünde für sie nicht einmal eine Verletzungsgefahr, da die Bruchfestigkeit der Knochen im Verhältnis zur Körpermasse ziemlich groß wäre. Genau so überleben eine Katze oder erst recht eine Maus einen Sturz aus zehn oder mehr Metern Höhe relativ gut, wenn sie nicht gerade auf starren Betonboden fallen. Oft hörte man auch schon von kleinen, nestflüchtenden Entenküken, die auf einem höher gelegenen Flachdach aus dem Ei geschlüpft waren und sich von dort in die Tiefe stürzten ohne sich dabei zu verletzen.

So sind nun Flora und Fauna unserer Umwelt am Land zumal in ihren Gestalten und Größenverhältnissen ganz entscheidend über ihre gesamte Evolution hin von den Kräften bestimmt, die zwischen der feststehenden Masse des Erdplaneten und den Massen der jeweiligen Körper wirken. Es gilt besonders für die Tiere in ihren vielfältigen Formen der Fortbewegung. Für den aufrecht gehenden Menschen, dessen Arme und Hände durch diese Entwicklung zum Tätigsein befreit wurden, entstanden neue Herausforderungen. Die Statik des ganzen Skelettes musst erneut schrittweise an die neuen Kräfteverhältnisse angepasst werden. Schon Stürze aus dem Lauf oder gar aus dem Stand können zu Knochenbrüchen führen, vor allem für Menschen. im höheren Alter. Auch hier ist das Verhältnis zwischen Belastbarkeit und Körpermasse von Bedeutung. Zum Glück ist deswegen die Gefahr von Bruchverletzungen bei Kindern nicht ganz so hoch wie bei Erwachsenen oder gar bei älteren Menschen. Am eigenen Leibe können wir erfahren, warum auch Pflanzen das

Bestreben zeigen, genau senkrecht nach oben zu wachsen. Nur die senkrechte Stellung vermeidet zusätzliche Belastungen durch Hebelwirkungen, die zum Zerbrechen der Äste führen können (zum Beispiel durch Schnee und Eis). Man stelle sich nur einmal mit Füßen und Schulter seitwärts ganz dicht an eine Wand, beide Füße geschlossen. Ein Sturz wäre ohne Veränderung der Fußstellung nicht zu vermeiden, unser Gleichgewichtssinn alarmiert uns.

Heute kennen wir innerhalb der exakten Naturwissenschaft der Physik vier Grundkräfte, von denen nur zwei unendlich große Reichweiten aufweisen, die anziehende und abstoßende elektromagnetische Kraft, die nur auf Körper mit bestimmten Ladungen wirkt, und die nur anziehend wirkende Schwerkraft. Nur diese ist es, die uns hier interessieren soll. Sie ist um unvorstellbare Größenordnungen schwächer als die elektromagnetische Kraft und bleibt damit überhaupt die schwächste der vier Grundkräfte. So wird uns nun zu einem Rätsel, wie wir denn diese Kraft vom Anbeginn unseres Lebens ständig wahrnehmen so unmittelbar als unser "Gewicht". Genauso spüren wir diese Kraft, wenn wir schwere Gegenstände heben. Solche Beispiele ließen sich endlos aufzählen, auch wenn wir sie als ganz natürlich empfinden. Im freien Fallen merken wir, dass diese Kraft über den Raum wirkt. Wer nicht schwindelfrei ist merkt die Angst vor dem freien Fall, den diese Kraft verursacht. Jedoch wird auch das ganze System der Planeten mit seinen Umlaufbahnen von der Schwerkraft - man sagt ja auch Gravitation - bestimmt.

Zunächst ist hier die Gravitationswirkung zwischen Sonne und ihren Planeten zu nennen. Dabei ergeben aber alle Massen ihrer acht Planeten zusammengerechnet nur etwas mehr als 1 Promille der Sonnenmasse. Alles was sich innerhalb unseres Sonnensystems berechnen lässt, stimmt immer gut mit den Beobachtungen überein. Für die Frage, wie stark Gravitation wirkt, reicht unser Verstehen aus. Was wir auf der Erde als Gewichtskraft spüren, reicht hinaus bis in die Fernen des Weltalls. Dies lässt sich nun in unserer Zeit vor allem mathematisch berechnen und beweisen. Bedenken muss man dabei jedoch auch, für den Erwerb dieses Wissens waren viele Menschengenerationen notwendig. Die alte Frage nach dem Warum blieb bis auf den heutigen Tag rätselhaft und offen. Auch mit der Entdeckung eines Elementarteilchens am CERN in Genf im Jahre 2012, das den erwarteten Eigenschaften für eine gravitative Wechselwirkung entspricht, sperrt sich das Rätsel weiterhin gegen eine einfache Lösung. Das Einzige, was wir hierbei mit allen unseren Beobachtungen und der dazugehörigen Fantasie erahnen könnten ist, dass sich ohne diese geheimnisvolle Kraft vielfältiges Leben auf unserer Erde wohl nicht so hätte entwickeln können, wie es uns heute so selbstverständlich erscheint.

5.   Um uns eine riesige, leere Himmelsblase

„Mein Vater erklärt mir jeden Sonntag unsere neun Planeten". Mit diesem Merkspruch prägte man sich früher gerne die Namen der Planeten unseres Sonnensystems ein: Merkur, Venus, Erde, Mars, Jupiter, Saturn, Uranus, Neptun, Pluto. Der erst 1930 entdeckte Pluto wird aber seit 2006 nicht mehr als Planet gezählt. Seitdem am Außenrand des Systems der Sonne mehrere solcher Himmelskörper gefunden wurden, sogenannte Plutoiden auch Zwergplaneten genannt, umlaufen die Sonne also nur acht Planeten. Mit bloßem Auge sind wie seit alters her fünf dieser Wandelsterne zu erkennen. Den Uranus hatte der Astronom Herschel 1781 mit dem Fernrohr als wandelnden Stern bei Durchmusterungen des Sternhimmels entdeckt. Der Neptun konnte erst 65 Jahre später nach Berechnungen von Bahnstörungen beim Uranus gefunden werden.

Abgesehen von einer größeren Zahl von Plutoiden, die den sogenannten Kuipergürtel am Außenrand des Sonnensystems bevölkern, kreisen hier Kleinstkörper, von denen einige dann und wann bis ins innere Sonnensystem vordringen können und dort als Kometen erscheinen. Jenseits dieses Außenrandes scheint sich ein gähnend leerer Raum zu erstrecken, der uns fast erschrecken müsste. Johannes Kepler, der ja nur die ersten fünf Planeten kennen konnte, war der erste Astronom, der diesen Verdacht äußerte. Mit der Annahme des kopernikanischen Systems, das die Erde zu einem die Sonne umlaufenden Planeten bestimmte, hätte man ja eigentlich die Bewegung der Erde an einer wenn auch kleinen halbjährlich pendelnden Verschiebung der Sterne erkennen müssen. Eine solche Bewegung war bei den Fixsternen des Himmels aber noch nie beobachtet worden. Für dieses Problem gab es nur zwei Lösungen: Entweder, die Erde stand doch fest im Mittelpunkt des Weltalls. Kopernikus hätte sich also geirrt und Galilei hätte mit Recht widerrufen müssen. Oder, die Fixsterne des Himmels, Lichtquellen wie unsere Sonne, sind so weit entfernt, dass eine solche Bewegung nur schwer oder überhaupt nicht mehr beobachtet werden kann. Kepler entschied sich für diese zweite Lösung.

Erst etwa 200 Jahre später, 1838 gelang es dem Astronomen F. W. Bessel bei einem Stern im Sternbild Schwan in einer mühevollen Vermessungsreihe über mehrere Jahre tatsächlich eine solche halbjährlich pendelnde Verschiebung nachzuweisen. Mit seinem und ähnlichen Verfahren wurden dann an vielen Sternwarten auf diese Weise die Entfernungen zu Nachbarsternen unserer Sonne anhand dieser Verschiebung, auch Parallaxe genannt, errechnet.

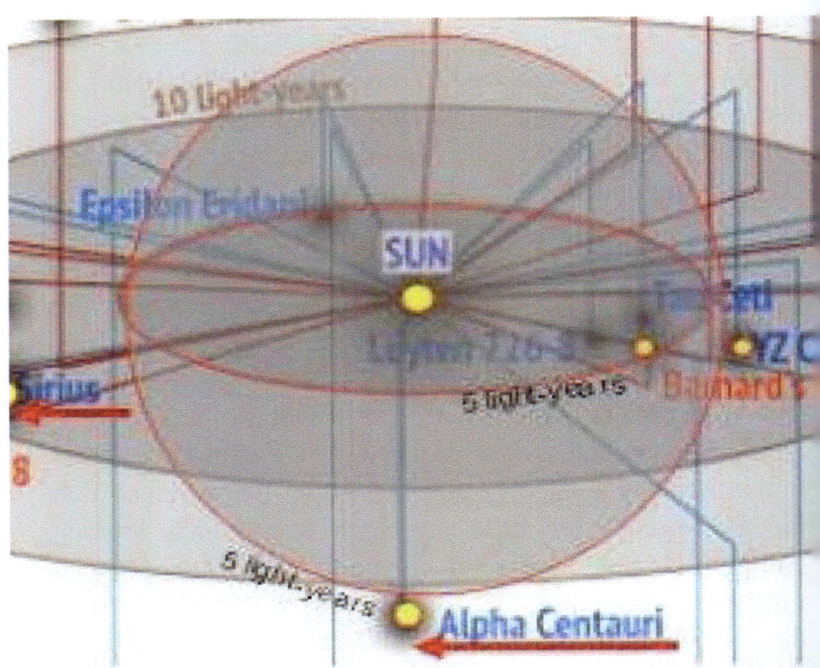

Und es war nun wirklich fast erschreckend, was dabei heraus kam. Der Himmel, den man sich wie eine riesige mit Sternen übersäte Innenfläche einer Kugel vorstellte, bekam nun plötzlich eine endlose Tiefe. Je geringer die halbjährige Verschiebung, die sich noch gerade eben messen lässt, desto weiter ist der beobachtete Stern entfernt. Man ermittelte sogar gewaltige Unterschiede in den Entfernungen. Weil selbst die unmittelbaren Nachbarsterne der Sonne, die ja auch selbstleuchtende Sonnen sind, einen so unvorstellbar großen Abstand haben, müssen wir versuchen, an einem verkleinerten Modell eine Vorstellung von den Größenverhältnissen zu bekommen. Denken wir uns dies in unserem Garten angelegt. Ein kreisförmiges Beet mit 1 m Radius möge das gesamte Planetensystem der Sonne bis zum äußersten Rand des Kuipergürtels darstellen. Die Sonne im Mittelpunkt umliefe unsere Erde dann in einem sehr kleinen Kreis von 0,02 m also nur 2 cm Radius. Erst in einem Abstand von 5000 m, also nach 5 km würden wir den allerersten und nächsten Stern Alpha Centauri erreichen. Etwa so groß wie unsere Sonne gehört er zum südlichen Sternhimmel. Er wäre also 250000 mal so weit entfernt, wie unsere Sonne. In etwas mehr als 8 km Entfernung könnten wir zum Sirius gelangen, dem scheinbar hellsten Stern aller Fixsterne, eben weil er als großer Stern zur nächsten Nachbarschaft gehört. In unserem Modell würde ein kugelförmiger dunkler Raum mit 5 km Radius ohne irgendwelche leuchtende Körper unser kleines Garten-Planeten-Beet umgeben, in dessen Mittelpunkt die Sonne von der Erde in dem minimalen Abstand von 2 cm umkreist wird. Aus der Sternenumgebung unseres Planetensystems haben wir hier nur zwei Nachbarsterne erwähnt, um eine Vorstellung von der unendlichen Leere des Raumes um unser Planetensystem der Sonne zu vermitteln. Johannes Kepler hatte also richtig vermutet.

Das uns vertraute Planetensystem mit der Sonne im Zentrum erscheint nun als eine kleine, einsame Insel in einem riesigen, leeren Raum. Der Mensch erkannte nun den Himmel in seiner endlosen Tiefe und Leere, seine Sterne in diesen endlosen Entfernungen. Was hat das noch mit uns zu tun?

Hätten die Nachbarsterne einen sehr viel geringeren Abstand gehabt, wäre dieser Raum kleiner gewesen, hätte diese einzigartige Erde, dieser wundervolle „Blaue Planet" wohl nicht so ungestört entstehen und sich entwickeln können. Ein vorbeiziehender größerer Himmelskörper hätte diese Erde vielleicht längst aus ihrer ausgezeichneten Umlaufbahn verdrängt oder herausgeworfen. Es sprechen viele Indizien für ein Alter des Planetensystems mit unserer Erde von etwa 5 Milliarden Jahren. Im Anfang war da nur eine Gaswolke vorwiegend gebildet aus den ersten beiden chemischen Elementen Wasserstoff und Helium. Zur Zeit dieses Anfangs muss noch ein explodierender absterbender Stern in der Umgebung das System mit großen Mengen chemischer Elemente höherer Ordnungszahl „geimpft" haben. Ohne diese „Zugabe" hätten sich die felsigen Planeten Merkur, Venus, Mars und vor allem die Erde nicht entwickeln können. Das gewaltigste kosmische Ereignis für die sich entwickelnde Erde, bei dem ein größerer Himmelskörper in einer Kollision den Mond aus dem Erdkörper herausschlug, wie man es heute vermutet, geschah auch noch in diesen ersten Anfängen vor fast vier Milliarden Jahren. Es waren die letzten großen Einwirkungen aus dem äußeren Raum, es waren gleichzeitig Startsignale für eine besondere Entwicklung vor allem unserer Erde, weil sich nun das Planetensystem mit der Sonne ohne weitere Störung von außen über diese sehr lange Zeit entwickeln konnte, weil nun gleichmäßige Bedingungen vor allem in „Sonnennähe" (Abstand Erde

Sonne) über einige Milliarden Jahre relativ stabil bleiben konnten.

Die Besonderheiten unseres Planeten Erde, den ja erst Kopernikus, Kepler und Galilei als einen um die Sonne kreisenden Planeten erkannt hatten, müssen vor allem an dieser Stelle hervorgehoben werden. Irgendwann in ihren Anfängen muss der sich entwickelnde Felsplanet der Erde zusätzlich zur festen Materie auch sehr viel Wasserdampf eingefangen haben. Weil er sich auf einer leicht elliptischen Bahn in einem Abstand zur Sonne bewegt, die unter seinen atmosphärischen Bedingungen auf der Oberfläche Temperaturen zulässt, die zwischen Gefrier- und Siedepunkt des Wassers liegen, konnte es endlos regnen. Die Urozeane entstanden und hier begann fast sofort vor knapp vier Milliarden Jahren die Entwicklung der ersten sehr einfachen, mikroskopisch kleinen Lebewesen. Die gewaltig große Blase leeren Raumes um das gesamte Planetensystem mit seit den Anfängen fast störungsfreie Bedingungen, ermöglicht vor allem einen regelmäßigen Umlauf um ein Zentralgestirn, das in den Tages- und Jahreszeiten im Rundlauf der Erde Energie spendet, wie wir es heute noch erleben.[2] In verhältnismäßig gleichmäßigen klimatischen Bedingungen konnte so eine Sphäre für mikroskopische Lebewesen in den Ozeanen entstehen. Und einige seiner Arten konnten sogar Veränderungen in der Erdatmosphäre herbeiführen. Sie bewirkten die Umwandlung der reduzierenden Atmosphäre aus Stickstoff und Kohlendioxid in eine Luft mit Stickstoff und Sauerstoff. Dieser neue Zustand bot dann wesentlich komplexeren Formen des Lebens Raum und Möglichkeiten. Es hat nachweislich nur wenige kosmische Katastrophen in diesem fast unendlich großen Zeitraum gegeben. Niemals also waren diese so

2 sehr ausführlich beschrieben in: Lesch, Harald: Was hat das Universum mit mir zu tun, München 2019[2]

gewaltig, dass das gesamte Leben auf dem Planeten ausgelöscht worden wäre. Nur das Aussterben der Sauriere vor 60 Millionen Jahren redet von einer solchen Katastrophe, aber das Leben entwickelte sich weiter. Das flüssige Wasser in den großen Ozeane blieb ungestört Ursprung und Quelle des Lebens für den „Blauen Planeten". Die verhältnismäßig klare, sauerstoffreiche Atmosphäre mit ihrem sehr dynamischen Wettergeschehen bildete schließlich eine wichtige Voraussetzung für diese ungeheure Vielfalt der komplexeren Lebensformen. Säugetiere und damit auch die Menschen hätten sich nie entwickeln können ohne diesen gewaltigen Abstand der Sterne, die wir am Nachthimmel jedoch trotz seiner unendlichen Tiefe staunend wahrnehmen können.

6.   Sonnenwärme und Sonnenlicht

*"**G**elobt seist du, mein Herr, mit allen deinen Geschöpfen, zumal dem Herrn Bruder Sonne; er ist der Tag, und du spendest uns das Licht durch ihn. Und schön ist er und strahlend in großem Glanz, dein Sinnbild, o Höchster."*

So klingt die zweite Strophe des Sonnengesanges von Franz von Assisi. Der Bruder Sonne darf nicht irritieren. Er stammt aus dem italienischen Original des Gedichtes. Die Verehrung der Sonne als lebensspendende Kraft lässt sich weit zurück in antike Kulturen verfolgen, zum Beispiel im Aton-Kult Echnatons in Ägypten vor mehr als dreitausend Jahren. Aus etwa der gleichen Zeit stammen der Sonnenwagen von Trundholm, gefunden in Dänemark und die Scheibe von Nebra, die zu Beginn des 21. Jahrhunderts in Sachsen-Anhalt entdeckt wurde. Beide Funde lassen auf rituelle Handlungen der Menschen der Bronzezeit in Bezug auf die von Ost nach West über das Himmelsgewölbe ziehende Sonne schließen. Auch ins Christentum übernahm man Motive der Sonnenverehrung. Als Beispiel braucht man nur an die Einführung des Sonntags als Feiertag zu denken, des "dies solis" bei den Römern. Im Christentum wurde dieser Feiertag übernommen, um sich vom jüdischen Sabbat abzugrenzen! Gefühlsmäßig müssen diese Menschen damals die Abhängigkeit alles heranwachsenden Lebens von diesem Licht der Sonne wohl gespürt haben. Schon der Tag- und Nachtrhythmus und das erwachende Leben am Morgen prägt solche Vorstellungen. Um so erstaunlicher bleibt es für uns heute, dass bis in die Mitte des 18. Jahrhunderts hinein nie nach der Quelle dieser gewaltigen Energiemenge gefragt wurde, die die Sonnte täglich abstrahlt. Das hierfür erforderliche physikalische Wissen war schlicht nicht vorhanden. So bleibt es verständlich, dass dieses Tageslicht zunächst aus dem ewigen göttlichen Wirken in der translunaren Sphäre begriffen wurde, ohne dabei das Licht und die Wärme als verströmende Energie überhaupt wahrzunehmen. Diese Sphäre jenseits des Mondes galt eben als der Bereich des ewig göttlichen Wirkens. Die ideale, rein leuchtende Kugelgestalt der Sonne, so wie man sie sich seit Platon dachte, und wie man sie dem Augenschein nach mit vorsichtigem Blick wahrnimmt, bekam erst zu Lebzeiten des Galileo Galilei merkwürdige Flecken auf ihrer Oberfläche. Diese wiesen auf eine Rotation des Sonnenballes hin. Wie ein Lauffeuer sprach sich diese Entdeckung herum. Aus den fieberhaft angestellten Beobachtungen nach 1610, an denen sich auch der streitbare Galilei intensiv beteiligte, konnte die Rotationsdauer sowie die Richtung der Rotationsachse bestimmt werden. Hier begann man zu ahnen, dass physikalische Gesetzmäßigkeiten für das gesamte Weltall gültig bleiben müssten. Der Unterschied zwischen der Sphäre des Werdens und Vergehens und der Sphäre der Gestirne, des ewigen Kreisens und Leuchtens begann zu verschwimmen.

Der Erste, der nach der Quelle des heiß glühenden Sonnenkörpers suchte und zu dieser Frage eine Vorstellung entwickelte, war kein anderer als Immanuel Kant. Es war seine erste Veröffentlichung: "Allgemeine Naturgeschichte und Theorie des Himmels" von 1755. In einer "Zugabe zum siebenden Hauptstücke" schreibt er eine "Allgemeine Theorie und Geschichte der Sonne überhaupt" auf 15 Buchseiten. Heftig angegriffen wurde er von vielen Wissenschaftlern, weil er behauptete, die Sonne habe eine Entstehungsgeschichte, die auch irgendwann einmal zu Ende gehen müsse. Unser Zentralgestirn sei ein flammender Körper, der zwangsläufig wie ein großes Feuer einmal verlöschen müsse. Bezeichnend und völlig verständlich ist heute: Kant konnte nur Erscheinungen als Energiequellen annehmen, über welche er Erfahrungen besaß, das Sauerstoff zehrende und Abgase erzeugende Feuer.

Es sollte noch fast zweihundert Jahre dauern, bis ein physikalisches Szenario gefunden werden konnte, das für den gewaltigen Energiefluss, der jedem der "flammenden Zentralgestirne" entströmt, ein erklärendes Modell lieferte. Dass die gewaltige Masse der Sonne mit ihrer Schwerkraft, die durch alle ihre Planeten nur um einen geringen Anteil ergänzt wird, mit einer entsprechend gewaltigen Gravitation auf ihr inneres Zentrum wirkt, ist leicht einzusehen. Hier in der Umgebung des Zentrums herrscht ein solcher Druck, als würde eine ganze Cheopspyramide auf der Oberfläche eines Stecknadelkopfes lasten. Durch diesen unvorstellbar großen Druck entsteht eine Temperatur von fast 16 Millionen Grad. 1919 wurde in einer physikalischen Zeitschrift in Deutschland zum ersten Mal die Frage diskutiert, wie die Atome im Inneren der Sonne bei solchen Temperaturen reagieren würden. Man meinte, die ungeheure Gravitationswirkung der Sonne löse physikalische Atomkernreaktionen aus, weil die Elektronenhüllen der Wasserstoffatome zerfallen würden. Statt Wasserstoffgas entstehe in dieser „Höllenhitze" ein Plasma aus Wasserstoffkernen (Protonen). Diese könnten nun zu Heliumkernen (2 Protonen + 2 Neutronen) verschmelzen. Zehn Jahre später erst konnten diese Reaktionen genau beschrieben und berechnet werden. Es wurde klar, welch ungeheure Energiemengen dadurch entstehen. Es ist der physikalische Prozess, den wir Menschen 1952 mit einer verheerenden Wirkung nur für einige Sekunde lang in einer Wasserstoffbombe auslösen konnten. Es folgten noch mehrere Versuchsexplosionen, die der militärischen Abschreckung dienten - Hybris menschlicher Wissenschaft. Auf der Erde ist dieser kernphysikalische Prozess bis heute nicht zu beherrschen, es sei denn man wolle nur zerstören.

In der Sonne halten sich dagegen die ausdehnende Kraft der zusätzlich entstehenden gewaltigen Wärmeenergie und die auf das Zentrum wirkende Gravitationskraft das Gleichgewicht. Der Kernprozess dauert fort, bis alle Wasserstoffprotonen zu Heliumkernen umgewandelt sind. In der Sonne entsteht so seit mehreren Milliarden Jahren die Wärme- und Lichtenergie, ohne die sich auf der Erde kein Leben hätte entwickeln können.

Kein Stern am Himmel könnte ohne diese Wirkung der Schwerkraft leuchten und Energie ausstrahlen. Besser lässt sich nicht erkennen, dass die Gesetze, die physikalische Vorgänge beschreiben, für alle Orte des Universums gelten, also universale Gültigkeit besitzen. Bis ins 17. Jahrhundert hinein war dies damals ein unvorstellbarer Gedanke. Ist nicht diese Schwerkraft, die jeder von uns unmittelbar spürt, eine sehr elementare, einfache und völlig selbstverständliche Wahrnehmung? Sie ist aber die gleiche Kraft, die in der Sonne diese scheinbar unendlichen Energien frei setzt, von der unsere Erde nur einen winzigen Bruchteil erhält. Der reicht aber trotzdem, die atmosphärischen Erscheinungen des Wetters, auch der Unwetter anzutreiben, und schließlich alles Leben auf dem Planeten Erde zu erhalten, weiter zu entwickeln, mit der notwendigen Energie zu versorgen.

7.   Energiesammler in den Urozeanen

Seit fast fünf Milliarden Jahren kreist der Planet Erde um die Sonne, die seit dieser Zeit ständig in alle Richtungen gleichmäßig und mehr oder weniger kontinuierlich Energie verstrahlt. Nur ein winziger Bruchteil, etwa ein Anteil von vier Zehnmilliardstel dieser Energie kann die der Sonne zugewandte Oberfläche der Erde überhaupt erreichen. Das ist aber immerhin noch eine Energieleistung von mehr als einem Kilowatt pro Quadratmeter, die auf die äußere Schicht der Erdatmosphäre wirken. Für den Boden der Erdoberfläche, auf der wir leben, bleiben davon noch etwa 10 bis 30 Prozent übrig. Viel Lichtenergie wird zum Beispiel an den Wolkendecken in den Weltraum reflektiert. Vom Boden aus erwärmt sich die Luft auf die uns gewohnten moderaten Temperaturen und treibt die Luftbewegungen in der bodennahen Atmosphäre, also die gesamte Dynamik des Wetters an. Ein sehr kompliziertes, hier nicht darstellbares Spiel der Wechselwirkungen.

Genau im passenden Abstand von der Sonne kreist der Erdball, sodass seine Bodentemperaturen allgemein immer noch zwischen Gefrier- und Siedepunkt des Wassers liegen können. Deshalb gibt es Wasser in der Luft (Wasserdampf), flüssiges und gefrorenes Wasser in Wechselwirkung miteinander als entscheidendes Element der Witterungsvorgänge. Kein anderer Planet des Sonnensystems kennt dies in solch umfangreichen Erscheinungen. Die Erde ist ein Planet des Wassers. Ihre besondere Achsenneigung ermöglicht den Rhythmus von Tag und Nacht sowie von Sommer und Winter. Dies alles ist schon relativ stabil seit gut vier Milliarden Jahren. Wo sich der Boden über das Meeresniveau erhob, war dies nur nackter Fels, ausgesetzt der langsamen Dynamik der Faltungen durch die Kontinentalverschiebungen und durch vulkanische Erscheinungen und der schnelleren Dynamik des Wasserdampfes in der unteren Atmosphäre. Endlose Urregen hatten die Becken der Ozeane gefüllt. In den Uferbereichen und den Flussrinnen wurde das Gestein zu Kies und Sand immer feiner zermahlen und als neues Sediment abgelagert. Erde, in welcher Pflanzen hätten wachsen könnten, gab es noch nicht. Bis auf das nicht endende Spiel der Wassermassen war der Planet Erde wüst und leer, wie seine Nachbarplaneten heute noch. Nur im Meer begannen sich schon im frühen Anfang in mikroskopischen Größenordnungen Formen lebender Materie zu entwickeln, komplexe Molekülgruppen, die Kopien von sich selbst erzeugen und aus dem dazu notwendigen Stoffwechsel Energie gewinnen konnten. Wie dieser geheimnisvolle Start ins Leben damals zustande kam, dafür gibt es zwar unterschiedliche Theorien, die schon oft beschrieben wurden. Aber je mehr wir darüber zu wissen glauben, desto mehr Fragen entstehen und so bleibt das Rätsel des beginnenden Lebens nach wie vor ungelöst. Wenn wir wohl auch nie sicher wissen können, wie die ersten "lebenden Molekülgruppierungen" überhaupt entstehen konnten, so lassen sich die Eigenschaften und die Voraussetzungen heutzutage jedoch viel besser beschreiben.

Da ist zunächst die Vermehrung, die über ein exaktes Kopieren dieser Molekülgruppierung ermöglicht wird. Diese Körperchen mussten ähnlich einer winzigen Seifenblase eine schützende Hülle besitzen, die ihr Inneres von der Außenwelt trennt. Aber nur unter ständiger Energiezufuhr von außen ist sein Weiterleben aufrecht zu erhalten. Hierfür ist ein Stoffwechsel notwendig, der Moleküle mit höherem Energieinhalt aufnimmt, sie sozusagen frisst, sie umwandelt in Moleküle mit geringerem Energiegehalt. Die gewonnene Energie treibt die eigenen Lebensprozesse, neue Energie muss ständig hinzugewonnen werden.

Unbrauchbar gewordene Moleküle müssen dann wieder an die Umgebung abgegeben, also ausgeschieden werden. Ein solch winziger lebender Körper dieser Pionierzeit am Beginn des Lebens, ein Mikroorganismus kleiner als ein Bakterium, musste sich energetisch fern vom sogenannten chemischen Gleichgewicht befinden, ähnlich wie eine Wanduhr mit heraufgezogenen Gewichten. Im chemischen Gleichgewicht mit seiner Umgebung stirbt der Körper, der vorher gelebt hatte. Auch wenn dies sehr einfach klingt, verliefen die damals entwickelten chemischen Mechanismen des Stoffwechsels und der Energieübertragung mit Hilfe geeigneter Enzyme in sehr feinen Schritten und äußerst raffiniert. Noch heute werden sie in allen Lebewesen verwendet und viele dieser Schritte erst seit einigen Jahrzehnten einigermaßen verstanden.

Dies spielte sich zunächst wohl eher am Meeresboden ab, wo in der Nähe vulkanisch heißer Wasserquellen höherwertigere Molekülgruppen vorhanden waren, die als "Ernährung" dienen konnten, wie zum Beispiel Schwefelwasserstoff. In solchen Nischen konnten einfachste Mikroben leben, spärlich überleben im Verborgenen vor mehr als zwei Milliarden Jahre bei immer knapper werdendem Energieangebot. Fast die erste Hälfte der Zeit seit dem Aufkeimen des Lebens in den Tiefen der Meere war vergangen, als einige Mikroben die Fähigkeit entwickelten, in seichteren Gewässern in der Nähe der Oberfläche die Sonneneinstrahlung als Energiequelle zu nutzen. Reaktionszyklen einem Rade oder Karussell ähnlich waren schon lange für die Stoffwechselprozesse des Lebens typisch geworden. So auch ein Zyklus, der jeweils ein Kohlendioxidmolekül einfängt und in einem chemischen Rundlauf ein höherwertiges Zuckermolekül ($C_6H_{12}O_6$) aufbaut und abgibt. Neu war nun aber die Fähigkeit dieser Organellen, die Energie für diesen

Prozess aus dem Sonnenlicht und die notwendigen Wasserstoffprotonen aus dem Wasser gewinnen zu können. Das sehr stabile Wassermolekül konnte dabei aufgespalten werden und Sauerstoff als "Abfall" im Wasser gelöst und schließlich auch an die Atmosphäre abgegeben werden! So hatte die Natur also schon vor etwa zwei Milliarden Jahren die Möglichkeit der Photosynthese "entdeckt", eine bahnbrechende "Erfindung" der Natur.

Für uns heute ist es kaum zu glauben, dass Sauerstoff für alle Lebewesen ein aggressives, gefährliches Gift darstellt. Dies merken wir heute nur noch in der vernichtenden Kraft des Feuers. In dem folgenden Zeitraum von vielen Millionen Jahren wurde das erst allmählich zum Problem, nachdem die meisten Metalle zu Erzen oxidiert waren. Je mehr der Sauerstoffanteil der Atmosphäre hiernach zunahm, desto mehr Mikroorganismen starben aus oder suchten sich geeignete sauerstoffarme Nischen, wo sie auch heute noch überleben können, z. B. in der Darmflora oder im Faulschlamm.

Aus einer reduzierenden Atmosphäre mit Stickstoff, Kohlendioxid und Methan war nun eine oxidierende mit vorwiegend Stickstoff und Sauerstoff geworden. Einige Mikroorganismen entwickelten jedoch in dieser „Sauerstoffkrise" eine besondere Fähigkeit, den eigentlich gefährlichen Sauerstoff als neue Energiequelle zu nutzen. Nutznießer dieser neuartigen Bedingungen wurden Sauerstoff "atmende" Organellen, die wir heute als sogenannte Mitochondrien kennen. Sie gewannen Energie aus den Zuckermolekülen aufgenommener Nahrung und dem Sauerstoff, indem sie den Kreislauf, den wir bei der viel älteren Photosynthese kennen gelernt hatten, in der Gegenrichtung durchliefen. Zucker und Sauerstoff wurden wieder zu Kohlendioxid und Wasser umgewandelt. Die von den Chloroplasten in Materie "gespeicherte Sonnenenergie" gewannen die Mitochondrien auf diese Weise zurück und konnten damit einen Energieträgermolekül, das allen Lebewesen eigen ist, wie einen Akku aufladen (genauer erklärt auf S. 63). Das Besondere aller Lebewesen, hier noch immer im Reich der für uns unsichtbaren Mikroben, war nun, dass nicht etwa das erfolgreichste Lebewesen sich allein durchsetzte, sondern ein Prinzip der der gegenseitigen Hilfe und der Abhängigkeit voneinander. Keine Art von Lebewesen konnte damals und kann heute für sich allein existieren. Jede Art war in ein Gesamtsystem des Lebens eingebunden.

Mehr als drei Viertel der bis heute durchlaufenen vier Milliarden Jahre der Erde waren nun bereits vergangen. Es kamen komplexere Zellen mit je einem Zellkern auf, die sogenannten Eukaryoten, die sich diese Mitochondrien in Symbiose einverleibten. Die Wirtszelle versorgte ihre Mitochondrien mit Zuckermolekülen und gewann dadurch einen Anteil an deren Energieausbeute. Kohlendioxid und ein Anteil des Wassers mussten entsorgt werden. Seit etwa einer Milliarde Jahren gibt es diese atmenden winzigen Zellen. Heute verwenden die unzählig vielen Zellen in atmenden Lebewesen der gesamten Flora und Fauna dieses Dienstverhältnis zwischen jeder einzelnen Zelle als Wirt und ihren Mitochondrien. Die Eukaryoten, aus denen sich später Pflanzen entwickeln sollten, waren auf die Leistungen sowohl der Chloroplasten als auch der Mitochondrien angewiesen. Sie konnten am Tage vom Sonnenlicht Lebensenergie beziehen und des Nachts mit der gespeicherten Energie mit Hilfe der Mitochondrien überleben.

Andere Eukaryoten verzichteten aus was für Gründen auch immer auf die Leistung der Chloroplasten, mussten dann aber beweglich werden, um höherwertige, organische Materie erjagen zu können. Dafür wurde es nun notwendig hierfür geeignete Sensoren zu entwickeln, um Nahrung zu finden. Diese komplexer werdenden Zellen entwickelten sich hinein ins Reich der Tiere. Hier drängt es sich fast auf, sich vorzustellen, welch gewaltiger Vorteil darin lag, das Prinzip der Zusammenarbeit weiter zu entwickeln. Es entstanden Lebewesen aus einer ganzen Familie von Zellen, die dann sehr unterschiedliche Aufgaben übernehmen konnten, Fortbewegung, Ortung von "Nahrung", Schutz der Außenhaut, Anpassung an die Umgebung. Die Aufgaben wurden vielfältiger, Tiere und Pflanzen im Wasser wurden größer. Hätte es damals schon Beobachter wie den Menschen gegeben, wäre hier das Leben erstmals sichtbar geworden.

Die Kambrische Explosion, wie man sie heute nennt, führte vor etwa fünfhundert Millionen Jahren zur Entwicklung einer ungeheuren Vielzahl der Arten der Meerespflanzen und Tiere. Eine ihrer Ursachen war die lange vorher schon entwickelte Form der sexuellen Fortpflanzung. Neue Lebewesen entstanden aus Paarungen männlicher und weiblicher Erbanlagen. Hierdurch ergab sich eine viel intensivere Variabilität der Gene. Die Welt des Lebens eroberte experimentierend die Meeresräume des Erdplaneten.

Ein Tier- und Pflanzenreich der kleineren und immer größeren Unterschiede entstand, eine ständig wachsende Vielfalt der Arten besiedelte die Räume und Nischen der Meere, bildeten besondere Fähigkeiten und Merkmale aus, angepasst an ihre Umgebung. Außerdem trat Geburt und Tod als unumgänglicher Tribut in die Welt jedes einzelnen Lebewesens. In der Welt der Mikroben war über die einfache Teilung einer Mutterzelle ein verdoppeltes Weiterleben möglich, gewissermaßen wie eine geklonte Zelle. Für die immer größer werdenden vielzelligen Lebewesen trat dagegen das Werden (Heranwachsen) und das Vergehen (Sterben) als Bedingung ihrer Existenz in deren individuelle Lebenszeit.

Noch beschreiben wir hier das Erdzeitalter des Kambriums, das nach einer typischen Gesteinsschicht an der Küste von Wales (Cambria) in England benannt wurde. Hier konnte man viele Fossilien der Meereslebewesen dieses Zeitalters entdecken, weil sie zum eigenen Schutz Kalkschalen gebildet hatten. Außerdem hatten die Tiere eine Größe erreicht, die leicht mit bloßem Auge zu entdecken war, so auch ihre erhaltenen Fossilien. Das für das Leben noch unwirtliche Land mit seinen nackten Felsen, mit seinen wohl gewaltigen Temperatur-unterschieden ohne schattige Nischen haben hier weder Pflanzen noch Tiere erobern können. Vielleicht ist aber trotzdem das zwingende Verhältnis der Abhängigkeit zwischen der Pflanzen- und Tierwelt schon aufgefallen. Pflanzen liefern freien Sauerstoff ins Wasser und schließlich in die Erdatmosphäre und speichern in ihren Körpern hochwertige organische Molekülgruppen, von denen das Zuckermolekül zu den einfachsten gehört. Beides stellt ein riesiges Reservoir gespeicherter Sonnen-energie dar. Daher bezeichnet man die Pflanzen als Produzenten. Kein einziges Tier könnte auf die Dauer ohne diese Leistung der Pflanzen auf dem Planeten Erde überleben. Alle Lebewesen der Fauna, zu ihnen werden später schließlich auch wir Menschen gehören, bleiben nur Konsumenten. Die Chloroplasten in den Blattzellen der Pflanzen sind die einzigen prokaryotischen Organellen, die den täglichen Strom der Sonnenenergie für die Welt der Tiere speichern und für diese mehr oder weniger flinken Lebewesen zur ständigen Verfügung stellen können. Ohne ständigen Zufluss von Energie stirbt jedes Lebewesen, da die Vorgänge des Lebens, wie bei einer aufgezogenen Uhr, fern vom chemischen Gleichgewicht bleiben müssen.

Eine besondere Herausforderung für die Welt des Lebens auf dem Erdplaneten wurde dann die Besiedlung des Landes. Das in den Meeren brodelnde Leben suchte neue Räume. Vier Fünftel der Zeit seit dem Start der ersten lebendigen Mikroben waren schon vergangen. Vom öden Felsenland bis zu den blühenden und vielfältig bevölkerten Landschaften unserer Tage bleibt nur noch ein Fünftel Entwicklungszeit der Schöpfung. Im Text des Schöpfungsmythos hört sich das ganz einfach an: "Und allerlei Bäume auf dem Felde waren noch nicht auf Erden, und allerlei Kraut auf dem Felde war noch nicht gewachsen, denn Gott der Herr hatte noch nicht regnen lassen auf Erden, und es war kein Mensch, der das Land baute."(1. Mose 2, 5)

Diese Sätze entstammen wohl sehr menschlichen Erfahrungen aus dem östlichen Mittelmeerraum. Der Mensch, das am weitesten entwickelte "Landtier" als Gestalter des Landes? Er steht ja doch erst am Ende einer Entwicklung, die an den Ufern und Gezeitenzonen der Meere begann. Vor etwas mehr als 400 Millionen Jahre entstanden die Voraussetzungen für die Besiedlung des Landes mit Pflanzen, wie es der Autor des zweiten Berichtes der Schöpfung an uns überliefern wollte. Die Entdeckungen und das Wissen vieler Menschen mussten zusammengetragen werden, um den Umfang der Voraussetzungen ahnen zu können, die das Leben schließlich auch auf das Festland brachten. Dazu gehörte mehr als nur Regen und Hilfe von Gärtnern, auf deren Erscheinen noch lange gewartet werden musste. Diese Hilfe benötigte die sich entfaltende Schöpfung in diesem Anfang noch nicht, denn es mussten sich erst die grundlegenderen Voraussetzungen für ein Leben der Pflanzen und Tiere auf dem Lande, so schließlich auch für das der Säugetiere und insbesondere der Menschen entwickeln.

8.   Mutter-Erde entsteht

*"**G**elobt seist Du, mein Herr durch unsere Schwester Mutter Erde, die uns trägt und ernährt und vielfältige Frucht hervorbringt und bunte Blumen und Kräuter."* So die sechste Strophe des erwähnten Sonnengesanges des Franz von Assisi. Erst hier erreicht die Entfaltung des Lebens innerhalb der Evolution den uns Menschen vertrauten Lebensraum.

Dieses letzte, entscheidende Erdzeitalter des Silur begann vor ungefähr 430 Millionen Jahren in den Uferbereichen der Meere wohl auch unter der Wirkung von Ebbe und Flut. Man muss sich vielleicht sumpfige, feinkörnige Flächen vorstellen, angereichert durch abgestorbenes organisches Material. Pflanzen konnten sich hier über die Wasseroberfläche emporrecken. Hier war das Licht intensiver und viel mehr Kohlendioxid in der Atmosphäre als im Wasser. Diese Uratmosphäre, die noch keinen Sauerstoff enthielt aber sehr viel mehr Kohlendioxid, bildete so gute Bedingungen für alle Pflanzen, das „Land zu erobern“. Viele Vorteile gab es zwar, aber auch Bedrohungen der neuen Umgebung. Wegen der anrollenden Wellen wurde eine bessere Verankerung durch Wurzeln, ein stabilerer Stängel für die ungewohnten, neuen Gewichtsverhältnisse, und eine gute Platzierung der die Chloroplasten enthaltenden Zellen in den Blattvorläufern der Pflanzenkrone notwendig. Dies alles setzte eine viel stärkere Zellspezialisierung in diesen Pionierpflanzen voraus. Man kann sich dieses Recken der Pflanzen in den Luftraum und das vorsichtige Auswandern in die Uferregionen gut vorstellen. Natürlich starben die Pflanzen nach einer gewissen Zeit auch wieder ab. Aber sie verrichteten dabei den allerwichtigsten Dienst für die

Möglichkeiten des weiteren Vordringens. Sie bauten über dem nackten Fels eine Humusschicht auf, bildeten einen Mutterboden aus, auf welchem die ihnen folgenden Pflanzen wachsen konnten.

Es lohnt sich einmal über die vielen Bedeutungen des Wortes Erde nachzudenken. Der Erdboden, auf welchem Pflanzen gedeihen können ist aus abgestorbenen Lebewesen durch Verwesung hervorgegangen. Seine Existenz auf dem Planeten Erde verdankt er dem Leben selber, das vorher begann, diese Flächen zu besiedeln. So ist Erde als Bodenkrume erst im Nachhinein im letzten Zehntel der Schöpfungszeit schrittweise aufbauend "entstanden". In den folgenden 140 Millionen Jahren gelang es nur den Pflanzen, allmählich die weiten Räume des Festlandes zu besiedeln. Welche Fähigkeiten sie entwickeln mussten, um mit den auftretenden Gewichtskräften zurecht zu kommen, haben wir schon im Kapitel über die Erdenschwere beschrieben. Da es auf dem Land im Gegensatz zum Meer in dieser Zeit keine "Fressfeinde" für die Pflanzen gab, konnten sich bis zum Erdzeitalter des Karbon sehr große Wälder mit riesigen Schachtelhalmpflanzen und merkwürdigen Baum- und Straucharten auf dem Festland ausbreiten. Große Flächen, die von der Photosynthese lebten, entzogen der Luft Kohlendioxid und gaben im Sonnenlicht freien Sauerstoff direkt in die Atmosphäre ab. Während dieser Zeit stieg der Sauerstoffgehalt der Luft von 14 % auf einen ungewöhnlich hohen Wert von 32,5%.

Erst mit dem Eintritt ins Karbonzeitalter, vor etwa 360 Millionen Jahren wagten sich auch die ersten Tiere aus dem Schutz des Meeres heraus. Es waren wohl Nachfahren der Lungenfische und der so genannten Quastenflosser, die den schlammigen Ufersaum als Nische erobert hatten und mal über mal unter der Wasseroberfläche zu leben vermochten. Noch heute gibt es ähnliche Fische im

Gezeitenbereich des Gangesdeltas. Amphibien, wie Lurche und Molche, die ihr Leben noch im Wasser mit Kiemenatmung beginnen und als erwachsene Tiere zur Haut- und Lungenatmung übergehen, zeigen noch heute, wie Tiere den Lebensraum Land erobern konnten. Die Anforderungen, die der neue Lebensraum des Landes für diese Nahrung suchenden Lebewesen stellte, waren ungleich höher als für die Pflanzen lange vor dieser Zeit. Um vom Wasser ins Trockene zu gelangen und dort leben zu können wurde es jedoch notwendig, für den Stoffwechsel in großen Mengen immer wieder Wasser zu trinken. Sie mussten außerdem mit Kräfteverhältnissen zurechtkommen, wie wir sie auch schon unter "Erdenschwere" beschrieben hatten. So ist es kein Wunder, dass es zunächst außer den kleinen Insekten nur kriechenden Tieren gelang, über die Uferzonen hinaus ins Land zu kommen. Die Stabilität der Skelette sowie die Muskelkräfte waren erheblich in der weiteren Entwicklung zu verstärken.

Mit ein wenig Fantasie lassen sich die Gefährdungen, aber auch die Vorteile des neuen Lebensraumes ausmalen, zum Beispiel geringer Schutz vor Sonneneinstrahlung, große Temperaturunterschiede, heftigere Naturgewalten (z.B. Feuer, Unwetter etc.), dagegen aber ein überreiches, großes pflanzliches Nahrungsangebot. Ein extrem hoher Sauerstoffgehalt ermöglichte eine gesteigerte Leistungsfähigkeit der das Land erobernden Tierwelt. Die in den Pflanzen gespeicherte Sonnenenergie des Karbonzeitalters nutzen wir Menschen noch heute, indem wir die mehr oder weniger tief unter dem Deckgebirge liegenden Kohleflöze ausbeuten. Es ist fossile Sonnenenergie, die vor über 300 Millionen Jahren gespeichert wurde.

Etwa 200 Millionen Jahre später, im Trias, hatten sich die Arten der Landtiere erheblich ausdifferenziert.

Reptilien, Krokodile, Echsen, Schildkröten, auch kleinere Arten des Dinosaurieres, die mit ihrem verlängerten Hals schon höher in die Baumkronen hinauflangen konnten. All diese Tiere atmeten viel Sauerstoff, und so wundert es nicht, dass der Gehalt auf etwa 16% zurückging und der Kohlendioxidgehalt sich etwa verdoppelte. Die Tierwelt profitierte von der in den Pflanzen und in der Atmosphäre gespeicherten Sonnenenergie. Natürlich entwickelten sich nun in der Spitze der Nahrungspyramide auch Raubtiere, die sich vom Fleisch der Pflanzenfresser ernährten. Vom Trias bis zur Kreide, im sogenannten Erdmittelalter, stieg der Sauerstoffgehalt wieder fast auf 30% an. Mammutbaum, Kiefer und später sogar Laubgehölze wie Eiche oder Ahorn, auch Gräser, die große Flächen bedeckten und vor Erosion schützten, trugen wohl zu der Erhöhung des Gehaltes von atmosphärischem Sauerstoff bei. Es war die große Zeit des Dinosauriers.

Diese wurde vor etwa 65 Millionen Jahren jäh beendet. Man vermutet, dass eine große kosmische Katastrophe hierfür als Ursache gelten könnte. Der große Chicxulub-Krater in Mexiko, auch das Nördlinger Ries in Deutschland weisen auf solche kosmischen Ereignisse durch gewaltige Meteoriteneinschläge als Ursache hin. Man schätzt siebzig Prozent aller Tiergattungen starben damals in der Folge aus. Nun erst begann die Zeit der Vögel und der Säugetiere, die sich in den frei gewordenen Lebensräumen in wachsendem Artenreichtum entwickeln konnten. Gräser, Nadel- und Laubgehölze, wie Kiefer, Eiche und Ahorn, Säugetier- und Vogelarten, das klingt schon eher nach einer uns mehr oder weniger vertrauten Umwelt.

Nur noch ein entscheidender Entwicklungsschritt soll hier kurz dargestellt werden. Dieser Schritt zum aufrechten Gang heraus aus den Urwäldern in die Steppen der afrikanischen Savannen ließ allerdings noch einmal etwa

60 Millionen Jahre auf sich warten. Menschenähnliche Tiere richteten sich hier als Zweibeiner auf, gewannen Überblick, die Arme entwickelten Hände mit verbesserter Beweglichkeit und gesteigertem Tastsinn. Diese Hände wurden frei, Werkzeuge zu benutzen und herzustellen.

Dies alles verlangte wieder einmal eine allmähliche Anpassung der Skelettstruktur und vor allem des Gleichgewichtssinnes an die veränderten Schwerkraftverhältnisse. Hier lohnt es sich, einmal die Skelettstruktur der Hinterbeine eines Pferdes, das gewissermaßen auf Zehenspitzen läuft, mit der des Menschen zu vergleichen, der eine volle Fußfläche benötigt, um auf seinen zwei Beinen das Gleichgewicht halten zu können.

Erst die letzten etwa zwei Millionen Jahre, nicht einmal ein halbes Promille der Entwicklungszeit allen Lebens auf der Erde, ermöglichten Schritt für Schritt das Hervortreten des Menschen, wie wir ihn heute mit seiner langen Geschichte kennen. Nur etwa sechstausend Jahre davon hat unsere Geschichtsschreibung erfassen können. Das wären wiederum nur 3 Promille dieser zwei Millionen Jahre der Hominiden bis zum Homo sapiens. An den statischen Problemen, die uns zweibeinige "Savannenlauftiere" im Schwerefeld der Erde belasten, leiden heute noch vor allem ältere Menschen. Viele Hilfsgeräte werden ihnen angeboten, zur Sicherheit die Arme wieder als Laufhilfe benutzen zu können. Jede neue Stufe der Entwicklung enthält immer eine Art Gewinn- und Verlustrechnung.

Die "Kambrische Explosion" enthielt einen Sprung von der Flora zur Fauna. Gewonnen wurde die Beweglichkeit im Raum des Wassers, aufgegeben wurde die Fähigkeit aus dem Sonnenlicht Lebensenergie zu gewinnen. Die tierischen Organismen mussten auf Nahrungssuche gehen, mussten hierfür augenähnliche Sinnesorgane entwickeln, um organische Substanz der Pflanzen finden und sich die in ihr gespeicherten Energie einverleiben zu können. Und so begann schließlich mit den Raubtieren auch das große Fressen und Gefressenwerden.

Als zweites Beispiel sei nur noch von dem Entwicklungssprung der Menschheit erzählt, die mit der Beherrschung des Feuers gegeben war. Es bot Schutz vor Raubtieren, förderte den Zusammenhalt der Familien. Das bedeutenste Merkmal lag aber wohl in den neuen Möglichkeiten der Nahrungszubereitung. Das Essen wurde nun gegart oder gekocht. Schon der Geruch aus einer Küche vermittelt uns noch heute, wie viel schmackhafter Nahrung hierdurch für die Menschen der frühen Steinzeit wurde. Die "Mahlzeiten" selbst nahmen viel weniger Zeit in Anspruch als das für andere Tiere vor allem Pflanzenfresser nötig war. Für andere Tätigkeiten entstanden Zeiträume. Prähistorische Artefakte aus der Stein- und Bronzezeit erzählen von dieser Entwicklung. Mit dem Wachsen der menschlichen Gehirne entstand wohl auch die Fähigkeit, die Umwelt bewusster wahrzunehmen und nach den Ursachen und den Gründen des Seins zu fragen.

Auch wenn nur die Umwelt allein Nahrung und Güter zum Leben bieten konnte, so erschien die Natur dagegen oft in unberechenbaren Gefährdungen und Gewalten. Das ist unser Schicksal als Tiere des Landes. Es ist nicht verwunderlich, dass sich hier auch ein Suchen nach Gottheiten entwickelte, deren günstiger Stimmung man sich zu versichern suchte. Menschliche Kultur und Wissenschaft wären ohne die Entwicklung eines Bewusstseins, sich selbst im Gegenüber der Natur wahrzunehmen, nicht möglich geworden. Dazu gehört auch die immer größere Fähigkeit, uns so gut wie nur irgend möglich vor den Gefährdungen zu schützen, die aus der Natur entstehen. So wäre auch unsere Suche nach Antworten auf die Rätsel im Selbstverständlichen hier ohne ein individuelles Bewusstwerden nicht denkbar.

Wir wurden zu Wesen, die nach Begründungen und nach dem Sinn suchen. In Märchen, Mythen und Sagen versuchte man damals auf dem auf dem Stande des vorhandenen Wissens die Erscheinungen der Umwelt erzählend zu erklären. Der Mensch ist ein Sinn suchendes Lebewesen. Im Gegenüber zur gesamten Natur droht uns die Gefahr zu vergessen, wie abhängig wir von dieser Natur sind. An einem besonderen Beispiel soll das nun ausführlich verdeutlicht werden.

9. Die Blätter der Pflanzen
Die Wunderwelt eines Blattkörpers

"Der Schwan flog über die grüne Wiese dahin, wo der kleine Schafhüter, ein Knabe von sieben Jahren, sich in den Schatten des alten einzigen Baumes hingestreckt hatte. Und der Schwan in seinem Fluge küsste ein Blatt des Baumes und das Blatt fiel herab, in die Hand des Knaben, und dieses eine Blatt wurde zu dreien, wurde zu zehn Blättern, wurde zu einem ganzen Buch, und der Knabe las in demselben von den Wunderwerken der Natur, von der Muttersprache, von Glauben und Wissen. Wenn er schlafen ging, legte er das Buch unter seinen Kopf, damit er nicht vergessen möchte, was er gelesen, und das Buch trug ihn auf die Schulbank und zu dem Tische des Gelehrten. Ich habe seinen Namen unter denen der Gelehrten gelesen!"

Diese kleine Sonnenscheingeschichte, ein Märchen von Hans Christian Andersen, lenkt unser Augenmerk auf die Wunderwerke der Natur. Ein einfaches Blatt, dessen Innenleben auch auf den Tischen der Gelehrten noch Wunderbares zu offenbaren gehabt hätte, fällt nach einem halben Jahr als Atemorgan eines Baumes zu den vielen andern gelbbraunen, zu Boden gefallenen Blättern. Herbstlaub. Im Wald kann es seine weitere Bestimmung erfüllen, den Waldboden zu bedecken, eine schützende, die Feuchte erhaltende und die Mikroben des Bodens ernährende Schicht zu bilden. Wer kennt aber nicht die Entsorgungswut der städtischen Umweltbetriebe und der Gartenbesitzer, Straßen, Rasenflächen und pflegeleicht gestaltete Gärten vom herbstlichen Laub zu befreien. Geräuschlos fällt das Laub von den Bäumen, aber, wenn es darunter gelandet ist, wird es oft mit weit hörbarer Lautstärke maschinell vertrieben.

Ein Buch über die Wunderwerke der Natur wird so nicht daraus, das zu dem Tische des Gelehrten getragen werden könnte. Nur in unseren gemäßigten Breiten fällt im November das bunte Herbstlaub. Zu tief steht dann die Sonne, um über die Blätter den Baum mit genug Energie versorgen zu können. Zu groß wäre seine Oberfläche, um ein Austrocknen des Astwerkes zu verhindern. Zwar gibt es auch viele immergrüne Pflanzen- und Baumarten mit härteren und wachsartigen Blattoberschichten, die andere Eigenschaften entwickelt haben, um den Verlust des Zellwassers zu vermeiden. Die normalen Laubbäume müssen in unseren Breiten ihre Blätter jedoch abwerfen, um Austrocknung zu verhindern und „Abfallstoffe zu entsorgen". Dies ist ein aktiver Vorgang im Stoffwechsel der Bäume, deutlich daran zu erkennen, dass Blätter eines abgebrochenen Astes nicht abgeworfen werden können, sondern einfach verwelken. Über eine sich bildende

Korkschicht in jedem Blattstiel trennen sich die Zweige von jedem Blatt. Die Verbindung bricht ab, das Blatt fällt und wird vom Winde davongetragen. Knospen werden sichtbar, für die kommenden fünf Monate frostgerecht verpackt.

Im April, wenn auf dem Waldboden die Anemonen und andere Frühlingsboten sich der steigenden Sonne entgegen gereckt haben, entfalten sich die Knospen zu zarten, hellen Blättern. Sie breiten nun ihre Blattflächen in der Luft aus dem Licht entgegen. Die Blätter gewinnen Nahrung aus Licht, Wasser und Luft für einen neuen Wachstumsschub. Die Jahresringe eines Baumstammes unserer Breiten zeigen diesen Pulsschlag des Jahreskreises. Dem Tropenholz fehlt dieses Merkmal. Die Blätter dieser Bäume können über das ganze Jahr hinweg genug Sonnenenergie aufnehmen.

Wir Bewohner der gemäßigten Klimazone freuen uns an den Besonderheiten der Jahreszeiten. Im Frühling tragen wir mit Vorliebe das frische Birkengrün in unsere Wohnungen. Jedes kleine Blatt in seinem frühlingshaften zarten und feinem Aufbau ist ein kleines Naturwunder, dem man seinen überaus komplizierten Stoffwechsel nicht unmittelbar anzusehen vermag. Sichtbar ist aber die im Vergleich der Pflanzen unendlich erscheinende Vielfalt der Blattformen. Rund oder lanzettförmig, spitz oder stumpf, mit typischen Formen der Blattränder, ganz zu schweigen von der einfachen Unterscheidung der Laub- und Nadelgehölze. Sie sind kaum zu überblicken. Ohne die Erkennungsmerkmale ihrer Blätter ist der Name einer entdeckten Pflanze kaum zu bestimmen.

Der Aufbau der Blattzellen dagegen, so wie sie sich in den papierdünnen Blattquerschnitten mit einem Mikroskop darstellen lassen, zeigt kaum Unterschiede unter den

Pflanzenarten. Schon ohne Mikroskop fällt bis auf wenige Ausnahmen das Blattgrün auf. Es sind die Chloroplasten, sehr kleine in den aktiven Blattzellen vorhandene Organellen, die diese Grünfärbung verursachen. Diese ursprünglich einmal selbständigen Bakterien, brachten mit Hilfe des Sonnenlichts das Wunder zustande, aus der Luft und dem Wasser Baustoffe für organische Materie zu gewinnen und darin die Energie zu speichern, die diese bewundernswerte Dynamik des Lebens ermöglicht. Im Mikroskop erkennt man in jeder Blattzelle die vielen Chloroplasten als Blattgrünkörper. Die Zelle als Wirt bildet mit ihnen eine Gemeinschaft, die für die Zufuhr von Wasser und Kohlendioxid aus der Luft sorgt, um dafür synthetisierte Kohlehydrate zu erhalten und Lebensenergie zu gewinnen.

Die Vorfahren der Pflanzen, Einzeller, kleiner noch als etwa 1 mm, besaßen sowohl diese Organellen der Chloroplasten als auch sogenannte Mitochondrien zur Atmung. Damit hatten sie einerseits die Fähigkeit über die Energie des Sonnenlichts organische Stoffe mit ihren Chloroplasten aufzubauen, konnten also am Tage vom Sonnenlicht leben. Nachts überlebten sie vom Abbau eines Teils der gewonnenen Zuckermoleküle mit Hilfe dieser Mitochondrien und mussten dabei Sauerstoff atmen. In den Zellen der Tiere verblieben nur noch die Mitochondrien zugunsten ihrer immer größeren Beweglichkeit und der Eigenschaft Biomasse zu fressen. Wir, und alle anderen Tiere können nicht wie die Pflanzen vom Sonnenlicht leben. So bleiben wir auf die Vorleistung der Pflanzen angewiesen. So lohnt es sich tatsächlich, die Leistung nur eines einzelnen Blattes einer Pflanze als Beispiel für das wunderbare, alles Leben ermöglichende Wirken der Pflanzen im Biokosmos der Erde zu betrachten. Die schier unendliche Zahl der Blätter aller Pflanzen dieser Erde erinnern uns an eine Lebensgemeinschaft, die so schließlich auch die Grundlage der menschlichen Existenz bildet. Wir werden erkennen, wie armselig und grob dagegen eine vom Menschen produzierte Solarzelle einer Photovoltaikanlage wirkt, die lediglich mit dazu dient, elektrische Energie für das wachsende Arsenal der Haushaltsmaschinen unserer modernen Industriekultur zu liefern.

Im Gegensatz zu den Solarzellen, den Artefakten unseres Zeitalters, reichen die Wurzeln der Entwicklung der pflanzlichen Photosynthese mehr als zwei Milliarden Jahre zurück in die Zeit des Proterozoikums. Das ist eine unglaubliche lange Zeitstrecke evolutionärer "Erfahrung", welche die erst hierauf folgenden höheren Formen des Lebens ermöglichte. Wenn wir die vorausgehende Kreativität der Evolution berücksichtigen wollen, die den aus dem Sonnenlicht hervorgerufenen komplexen Stoffwechsel in den Blättern ermöglichte, müssen wir den Versuch wagen, ein zweites Mal bis in die Ursprungszeit des Lebens auf dieser Erde zurückzugehen. Dies mag ein Umweg sein, ein Umweg jedoch des Erstaunens und einer ehrfürchtigen Bewunderung.

10. Zwischenspiel:
Reaktionszyklen aus der Urzeit

Denken wir uns für diese Zeit des entstehenden Lebens einen Beobachter mit menschlichen Augen. Er hätte überhaupt keine Lebewesen entdecken können. Es gab ja nur im Wasser der Meere eine ins Unendliche anwachsende Zahl von Mikroben der verschiedensten Arten. Zunächst hatten diese mikroskopisch kleinen zellulären Lebewesen nicht einmal einen Zellkern. Diese, man bezeichnete sie als Prokaryoten (pro = vor, karyon = Kern), waren in der Lage, aus dem anorganischen Kohlendioxid organische Kohlehydrate aufzubauen. Das war gar nicht so einfach, weil Kohlendioxid eigentlich eine sehr feste chemische Verbindung ist, die nur mit viel Energie getrennt werden könnte. Hier wurde das Kohlendioxid jeweils in ein viel größeres organische Molekül eingebaut, um die organischen Verbindungen des sich entwickelnden Lebens weiter zu vermehren.

Vier unterschiedliche Reaktionsketten konnten Mikrobiologen in unserer Zeit aufdecken, auf welchen diese für das Leben wichtige Aufbauarbeit mit Hilfe raffinierter Enzyme in den Mikroben geleistet wurde. Es waren ein linearer und drei kreisende Reaktionswege. Diese drei arbeiteten wie ein Reaktionskarussell. Ständig musste Wasser und Kohlendioxid zur Verfügung stehen. In einem bestimmten Reaktionsschritt des Reaktionszyklus wurde je ein einfaches CO_2-Molekül eingeschleust, in seiner gegenüberliegenden Reaktionsstation ein neues organisches Kohlehydrat ($C_6H_{12}O_6$) abgegeben. Mit jedem Umlauf wurde so ein einfaches, anorganische Kohlendioxid über die kreisförmig geschlossene Enzymkette zu einem komplexeren, organischen Kohlehydrat, "umgebaut", das nun wesentlich mehr Energie enthielt. Außerdem war es auch notwendig, Atomkerne des Wasserstoffs (Protonen) zu gewinnen und diese dem Reaktionszyklus an einer bestimmten Stelle zuzuführen. Dieses lieferte die notwendige Energie für diese Aufbauarbeit, gewissermaßen um den Reaktionszyklus anzutreiben.

Energie lässt sich aber nur aus unterscheidbaren Zuständen innerhalb oder außerhalb eines Raumes gewinnen, ähnlich wie ein Höhenunterschied eine Strömung im Wasser durch eine Staumauer verursacht. Einige Mikroben spezialisierten sich im Laufe der Entwicklung des Lebens darauf, zum Beispiel den ständigen Strom der Sonnenenergie oder intensive Wärmezufuhr zu nutzen. Unter anderem war dies so bei den rosaroten Halobakterien, die im Salzwasser zu leben vermochten. Ihre Außenhaut enthielt Pigmentflecken mit je einem besonderen Protein, das auf eine ganz bestimmte Wellenlänge des Lichtes reagierte. Es erhielt von den Mikrobiologen die Bezeichnung "Photosystem I". Es vermochte einfache Wasserstoffverbindungen (Hydride) aufzuspalten, zum Beispiel Schwefelwasserstoff. Die abgetrennten Wasserstoffionen (Protonen) "pumpte" dieses Photosystem dabei aus dem Bakterienkörper heraus nach außen. Dadurch verursachte ein solch kleiner Körper zum Beispiel im Sonnenlicht einen Unterschied in der Konzentration der Protonen außerhalb und innerhalb seiner Hülle. Dieser Unterschied strebt einen Ausgleich an, so wie Wasser von oben kommend fließt und ein Mühlrad antreiben kann. Ähnliches geschieht nun an Einlagerungen einer anderen Proteinart in der Körperhülle. Das ist eine noch älteren "Entdeckung" der Evolution.

Dieses Protein besitzt in allen Lebewesen dieser Erde eine universelle Fähigkeit: Treten Wasserstoffionen durch dieses "Tor", treibt es phosphorhaltige Adenosinmoleküle von einem niedrigeren in einen höheren Energiezustand, aus Diphosphat wird Triphospat. Auf diese Weise wird in jeder Bakterienzelle chemische Energie gespeichert. Lichtenergie setzt für dieses Bakterium also eine Protonenbewegung in Gang, die auf dem Rückweg in den Mikrobenkörper Adenosintriphospate (ATP) erzeugt und damit chemische Energie speichert (vergl. S. 41f).

Diese Energie kann, wo sie an anderer Stelle benötigt wird, wieder frei gesetzt werden. Aus Triphosphat wird wiederum Diphosphat (ADP). Für das weitere Überleben muss ständig neues ATP als "Kraftstoff" aus ADP gebildet werden. Wie Zahnräder greifen die Kreisläufe ineinander. Weiter oben hatten wir beschrieben, wie Kohlendioxid vor allem in Reaktionskreisen eingebunden wird für den Aufbau von lebenswichtigen Kohlehydraten. Nun haben wir die Energiequelle dargestellt, die dieses komplizierte Reaktionskarussell antreiben kann. Es ist das ATP, das hier seine Energie auf die Kreisreaktionen überträgt und dabei wieder zu ADP umgewandelt wird. Ein weiterer Kreislauf entsteht auf diese Weise. So geschieht es in einem Kreisprozess, den die Mikrobiologen am genauesten beschrieben haben, im sogenannten Calvin-Zyklus.

Dieses ADP-ATP-Prinzip hat sich von Anfängen der Evolution „entwickelt" und ist in allen Lebewesen als Energieüberträger wirksam geworden. Bis auf den heutigen Tag hat sich daran in der Natur nichts mehr geändert. Adenosintriphosphat ist also der Universalkraftstoff in allen Lebewesen, der allerdings die Energie in sehr viel feineren Dosierungen überträgt als zum Beispiel Benzin in einer Verbrennungsmaschine. Mehr als brutal wirken die Erfindungen der Menschen gegenüber den "Entdeckungen der Evolution des Lebens", wenn man diese feinen Schritte denkend nachvollzieht oder auch nur staunend ahnt, welch komplexe biochemische Vorgänge in einfachen Prokaryoten die Materie des Lebens gebildet haben. Der Leser wird sich mit Recht wohl nur wundern können über diese "biochemische Fabrik" im Miniformat.

Dabei sind hier noch nicht einmal die Voraussetzungen erarbeitet, die gesamten Stoffwechselvorgänge im Blatt eines Baumes mit seinen unzähligen Blattgrünkörpern im Wesentlichen zu verstehen. So sprechen wir im Augenblick noch nicht von Blättern, sondern von Mikroben, die im Präkambrium vor etwa drei Milliarden Jahren lebten. Mit den Fähigkeiten, die wir bisher beschrieben haben, konnten diese Mikroben vor allem nur an Orten überleben, wo es viel Schwefelwasserstoff gab, tief unten am Meeresboden in der Nähe der Schwefelschlote. Bis sich ein Bakterium entwickelte, das über seinen Calvin-Zyklus besonders viel Kohlendioxid in organische Materie umwandeln konnte, wurde noch eine weitere Steigerung der Fähigkeiten notwendig.

Das war vor allem eine Frage der zur Verfügung gestellten Energiemenge. Außerdem stand ja Kohlendioxid damals in großem Umfang in der Atmosphäre und auch im Wasser gelöst zur Verfügung. Freier Sauerstoff fehlte zu dieser Zeit des Ursprungs noch völlig. Zum "Photosystem I" entwickelte diese neue Bakterienart ein "Photosystem II", das auf eine andere Wellenlänge des Sonnenlichtes reagierte. Dies "PS II" wurde sogar fähig, die viel festere Verbindung des Wassermoleküls zu spalten. Als "Reaktionsabfall" verblieb elementarer Sauerstoff, der seit dieser Zeit nun in immer größeren Mengen in die Atmosphäre gelangte. Beide Photosysteme hintereinander gekoppelt konnten nun im Sonnenlicht doppelt so viel ADP in ATP umwandeln.

Diese seit etwa 2,5 Milliarden Jahren in allen Winkeln der Erde noch heute verbreitete Mikrobenart kennt man unter dem Namen Cyanobakterium. Die Entwicklung des

Lebens ging weiter. Die Eukaryoten traten in Erscheinung, Einzeller, die ihre Erbinformationen, ihre DNA in einem Zellkern abschirmten. Das war ein gewaltiger Fortschritt der Entwicklung. Als wenn diese viel komplexeren Eukaryoten die Leistungsfähigkeiten der Cyanobakterien "erkannt" hätten, boten sich Eukaryoten als Wirtszelle für die Cyanobakterien an. Die einverleibten, weiterhin aber selbständigen Cyanobakterien belieferten ihren Wirt mit organischer Nahrung, dafür bot die Wirtszelle eine geschützte Umgebung, genug Wasser und Kohlendioxid. Diese Symbiose erbrachte einen offensichtlichen gegenseitigen Vorteil. Nicht nur mit den Leistungen der Cyanobakterien erweiterten die Eukaryoten ihre Möglichkeiten, sondern auch mit den Fähigkeiten einer noch anderen Art von Bakterien. Sie hatten sich später entwickelt und waren in der Lage Sauerstoff zu "atmen", um daraus Energie zu gewinnen. Dies geschieht ebenfalls in kleinen Einzelschritten in einem Reaktionskarussell, dem Citratzyklus. Dies entspricht einer Umkehrung des Calvinzyklus. Diese Bakterien hatten wir vorher schon als Mitochondrien kennengelernt.

Nun haben wir es endlich geschafft und die wichtigsten Bausteine der Stoffwechselvorgänge in einer einfachen Blattzelle zusammengestellt. Dabei richteten wir unser Augenmerk vorwiegend auf die Chloroplasten, weil diese Blattgrünkörper als einzige Organellen die Fähigkeit besitzen, aus anorganischer Materie organische Moleküle aufzubauen, und sich so vom chemischen Gleichgewicht zu entfernen, d. h. Energie zu laden. Das entspricht einer Uhr, die durch das Aufziehen vom mechanischen Gleichgewicht entfernt wurde und so Energiepotential erhalten hat. Die aktiven Blattzellen enthalten aber auch eine größere Anzahl von Mitochondrien, die Energie gewinnen können, indem sie den umgekehrten Weg der

Chloroplasten beschreiten. Sie sind sozusagen die "Kraftwerke" in allen lebenden Zellen, in denen der Tiere als auch in denen der Pflanzen. Jede Zelle eines Pflanzenblattes enthält also im Gegensatz zu denen der Tiere zwei Arten von Energiezentren. Die Chloroplasten, die mit Hilfe von Lichtenergie energiereichere organische Materie aufbauen, und die Mitochondrien, die Energie gewinnen , indem sie energiereiche, organische Materie in kleinen Schritten abbauen. Chloroplasten bezeichnet man deswegen als autotrophe (selbst-ernährende) -, die Mitochondrien als heterotrophe (fremd-ernährende) Organellen einer Blattzelle.

Eine sehr große Gesellschaft dieser Zellen, die vor knapp drei Milliarden Jahren als einzelne Eukaryoten lebten, bilden nun die aktive innere Schicht des flächigen Blattkörpers. Der Grundgedanke, von dem die Evolutionstheorie zunächst ausgegangen war, bestand darin, dass die am besten angepassten und ausgestatteten Lebewesen sich im "Lebenskampf" durchsetzen würden (survival of the fittest). Ein solches Konzept schien für einen "Egoismus" der Art zu sprechen. Hätten sich dann überhaupt immer größere Zellgesellschaften organisieren können, von Schleimpilzarten angefangen, die sich dann zu Pflanzen und Tieren weiter entwickelten? Offenbar war die Bereitschaft in Zusammenarbeit zu überleben um ein Vielfaches größer, als sich gegenseitig zu verdrängen. So verbirgt sich in jedem Blatt einer Pflanze ein einzigartiger Kosmos feinster Reaktionsschritte, die Voraussetzungen für alles Leben auf dieser Erde bilden.

11. Das Innenleben eines Blattes

So betrachten wir nun das Blatt am Baum, stellvertretend für die unendliche Vielzahl verschiedener Blattformen, die alle den mehr oder weniger ähnlichen inneren Aufbau aufweisen, in denen der gleiche biochemische Stoff-

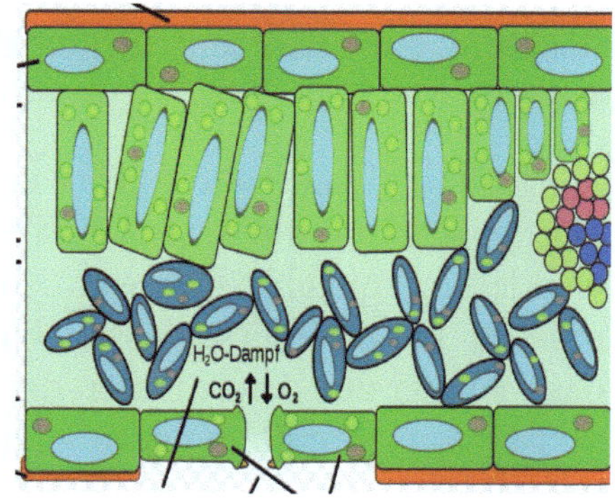

wechsel abläuft. Fünf Schichten lassen sich unterscheiden, die wir von oben beginnend hier kurz beschreiben:

➜ Die oberste Fläche weist noch je nach Pflanzenart die größten Unterschiede auf, von wachsartig glatt bis stachelig, borstig schützt sie die darunter liegenden Schichten offensichtlich nicht nur vor Verdunstung des Wassers. Die Unterhaut bietet einen weiteren Schutz für das darunter liegende aktive Zellgewebe.

➜ Unter diesen zwei Schichten erkennen wir das sogenannte Palisadengewebe. Es besteht aus dünnwandigen, blattgrünkörnerreichen Zellen. Sie entsprechen den beschriebenen Eukaryoten mit den grünen Chloroplasten mit ihren zwei Photosystemen und den Mitochondrien.

➜ Ein Schwammgewebe mit sehr großen Zwischen-räumen für den Gasaustausch mit kleineren Zellen, die ebenso die grünen Chloroplasten enthalten, befindet sich als vierter „luftiger" Raum darunter.

➜ In dieser vierten Schicht verzweigt sich auch das Gewebe der Leitungen, die das von den Wurzeln kommende Wasser heranführen und die erzeugten

Nahrungssäfte dem Pflanzenkörper zuführen. Dieses Leitungsgewebe stützt außerdem die ausgebreitete Blattfläche, wie man es den meisten Blättern mit bloßem Auge ansieht.

→ Der Unterhaut mit ihren Spaltöffnungen kommt eine besonders wichtige Aufgabe zu, die fast einer Gratwanderung gleicht. Bei warmem und trockenem Wetter müssen sie fest verschlossen bleiben um zu verhindern, dass Wasser aus dem Inneren der Blätter verdunstet. Unter günstigeren Bedingungen müssen sie dagegen weit geöffnet bleiben.

Die Chloroplasten brauchen ja möglichst viel Kohlendioxid. Die Diskussion um den Klimawandel sagt uns zwar, der Kohlendioxidgehalt habe sich in den letzten fünfzig Jahren um einen 1,3 fachen Wert erhöht. Sein Anteil in der Atmosphäre ist jedoch äußerst gering, weniger als ein halbes Promille. Wie kommen die blattgrünkörnerreichen Zellen also an eine genügend große Menge CO_2? Dazu müssten die Spaltöffnungen weit geöffnet sein. Hier muss ein geeignetes sensorisches System jede Wetterbedingung nutzen, Wasserverluste zu verhindern und trotzdem ausreichnd viel CO_2 in das Schwammgewebe hineinzulassen. Alle Lebewesen mussten sich außerdem auf den Tag- und Nachtrhythmus einstellen. Für die Blätter aller Pflanzen stellt das ein zusätzliches Problem dar. Energie aus dem Licht kann nur entstehen, solange die Sonne scheint. Bei dem ohnehin knappen CO_2- Angebot wäre es jedoch gut, wenn der Calvinzyklus auch in der Nacht mit Energie versorgt werden könnte. Hier sind die Mitochondrien in den Blattzellen gefragt, die Sauerstoff "atmen" und daraus Energie gewinnen.

Mit dieser Energie kann der Calvinzyklus in den Chloroplasten als Dunkelreaktion weiterarbeiten und Kohlendioxid in organische Kohlehydratmoleküle einbinden. Nachts sind die Bedingungen für den Zustrom von CO_2 sogar günstiger. Es ist kälter als am Tage, die Luftfeuchtigkeit ist wesentlich höher und der Wasserverlust eingeschränkt, die Spaltöffnungen können sich weit öffnen.

Bei wenig Wind kann in einer ruhigen Nacht der Kohlendioxidgehalt in Bodennähe um 20 Prozent ansteigen, also von 0,5 auf 0,6 Promille. Alles, was im und auf dem Boden lebt atmet Kohlendioxid aus, und während der Nacht gilt das eben auch für die Pflanzen. Wenn der Wind keine frische Luft einträgt, können die Blätter von diesem höheren CO_2-Gehalt profitieren. So ahnen wir, über welch empfindliche Sensoren die Spaltöffnungen verfügen müssen, um sich auf die jeweilige Situation einstellen zu können.

Die Pflanzen jedoch sind als einzige Lebewesen in der Lage, organische Materie aus anorganischen Molekülen aufzubauen. Sie bilden im Stoffwechsel in der gesamten Sphäre des Lebens auf unserem Planeten die unverzichtbare Voraussetzung für das Überleben aller Tiere. Es war eine sehr späte Entdeckung, dass für uns Menschen hier keine Ausnahme besteht.

12.   Bäume wachsen nicht in den Himmel

Wenn im Herbst die Blätter fallen, nehmen wir am intensivsten und nicht immer gern die unzählig vielen bis zu 30 000 Blätter nur eines einzigen Baumes wahr. Für deren Zahl in einer bestimmbaren Waldfläche fehlt uns jede Vorstellung, es sei denn, wir kämen multiplizierend zu irgendwelchen unvorstellbaren Zahlwerten. Stellen wir uns einmal eine solche Zahl an 5 Euro-Scheinen als eine merkwürdige Art Laub vor. Den volkswirtschaftlichen Wert wird wohl kaum jemand bestreiten wollen. Biologisch wäre es jedoch ohne jeden Wert. Ins Wirtschaftswachstum vernarrt jonglieren Wirtschaftswissenschaftler oft mit solchen schwindelerregenden Zahlen. Viel wird von der Notwendigkeit wirtschaftlichen Wachstums gesprochen, vor allem vor den Parlamentswahlen. Der Wohlstand der Völker sei geradezu abhängig von einem weiter wachsenden Bruttosozialprodukt. Es scheint, als ließen sich Geldmengen beliebig vermehren.[3] In der Sphäre des Lebens des Planeten Erde sind dem Wachstum der Lebewesen jedoch natürliche Grenzen gesetzt.[4]

Hier wollen wir das ausschließlich an einem Beispiel untersuchen. Unsere Frage lehnt sich an die alte Erzählung vom Turmbau zu Babel an, die zu den Verfehlungsgeschichten des Alten Testamentes gehört: Wir fragen im Gegensatz zum Wunschbild dieses Turmes: "Warum wachsen die Bäume nicht in den Himmel?" Die größten Lebewesen, die wir kennen, sind Mammutbäume. Ihr

---

3 Darauf hatte schon der Häuptling von Seattle 1855 aufmerksam gemacht: In Anlehnung an seine eindrucksvolle Rede entstand der Spruch: "Erst, wenn der letzte Baum gerodet, der letzte Fluss vergiftet, der letzte Fisch gefangen ist, werdet ihr merken, dass man Geld nicht essen kann."

4 Vergleiche auch S. 26

Lebenszyklus kann 1000 - 2000 Jahre überdauern. Vor allem in den Nationalparks Nordamerikas findet man beeindruckende Exemplare ihrer Art. Mit ihrer Größe um die 100 Meter überdauern sie Waldbrände. Waldbrände sind sogar notwendig, damit die Samen dieser Bäume sich verbreiten und treiben können. So ist es auch gut vorstellbar, dass genau diese gewaltige Größe der Art das Überleben in durch Waldbrand gefährdeten Regionen über lange Zeiträume ermöglichte. Kirchturmhohes Wachstum als Überlebensstrategie? Wären diesen Bäumen noch größere Höhen möglich? Eine Notwendigkeit weit über 100 Meter hinaus zu wachsen, wie die sich auftürmenden Wolkenkratzer der Weltmetropolen, bestand wohl nicht, um das lange Überleben eines Mammutbaumes zu ermöglichen.

Aus unserer Beschreibung des Blattgrüns haben wir erfahren, dass seine Chloroplasten eine ständige Zufuhr von Wasser benötigen. Wasser jedoch ohne eine Druckpumpe auf eine Höhe von 50 bis fast 100 Metern zu bringen ist physikalisch gesehen eigentlich überhaupt nicht möglich. In den grünen Blättern oder Nadeln einer Baumkrone verdunstet Wasser. Der Wasserverlust ist um so größer, je trockener und wärmer die umgebende Luft ist, je mehr Wind den Wasserdampf fortträgt. So entsteht in dem lichtaktiven Zellgewebe eine Saugspannung um den Wasserverlust auszugleichen. Wasser könnte bei normalem Luftdruck aber höchstens bis in eine Höhe von knapp unter 10 Metern angesaugt werden. Wie also kann das Wasser von den Wurzeln in diese Höhe der Baumkronen der Mammutbäume gelangen? Wenn wir annehmen, dass hier auch die Kapillarkräfte sehr enger Wasserleitbahnen eine Rolle spielen, bleibt trotz allem kaum verständlich, wie das Wasser in eine Höhe des zehnfachen Wertes gelangen kann.

Die Flüssigkeitssäule würde auf ihrem Weg in die Baumkronen abreißen. Die Natur musste „lernen", für dieses Problem neue Wege zu entwickeln. Um zu verstehen, wie die Natur es ermöglichte, die äußersten Blattspitzen eines großen Baumes noch mit genug Wasser zu versorgen, ist es notwendig, mehrere Aspekte ins Auge zu fassen.

Zunächst sind hier die besonderen Eigenschaften der Wassermoleküle zu nennen, die wie Kletten große zusammenhängende Molekülverbände bilden. Dies äußert sich in den Kohäsions- und Adhäsionskräften. Man braucht nur Regentropfen an den Rändern eines Baumblattes oder an einem Holzbalken zu beobachten, um diese Anhangskraft zu erkennen. Dies erklärt auch das zusätzliche Einwirken der Kapillarkräfte

Als ein besonderes Merkmal gilt es aber wahrzunehmen, dass die Wasser durchtränkten Leitröhren unter der Baumrinde sich ganz anders verhalten können als glatte, benetzte Glaskapillaren in einem physikalischen Labor. Jene Leitröhren der Bäume, auch Tracheiden[5] genannt, haben rinnenartige Vertiefungen und schraubenlinienartige Verdickungsbänder entwickelt, um das Wasser, das aus den Wurzeln kommt, besser gegen die Schwerkraft nach oben führen zu können. Sie üben vielleicht eine Art Stützfunktion aus.

Unterstützend kommt wohl noch ein weiterer Aspekt hinzu. Es ist das osmotische Wirken des Wurzelgewebes, das hier zusätzlich einen begünstigenden Druckgradienten aufbaut, als wäre in dem Fuß des Baumes eine Pumpe, die das Wasser nach oben drückt. Schließlich kommt dem

5 Es lohnt sich hier einmal im Internet unter dem Stichwort Tracheiden zu suchen. Bei Wikipedia ist deren komplexes Zellgewebe anschaulich dargestellt.

Problem auch die Neigung der meisten lebenden Zellen zugute, sich reichlich Wasser einzuverleiben. Vielleicht wirken diese Zellen wie kleine Relaisstationen oder wie eine Art von Treppenstufen.

Die Wassersäulen können also in wunderbarer Weise gegen die Schwerkraft weit über die 10 Meter Saughöhe nach oben gelangen bis in die Blätter der äußersten Baumspitzen. Das Wasser aus den Wurzeln des Baumes kann dabei sogar kleine Luftbläschen aufgrund des besonderen Aufbaus der Tracheiden umströmen. Solange die Chloroplasten im Blattgewebe in dieser Weise mit genug Wasser aus den Wurzeln versorgt werden können, bleiben die Spaltöffnungen auf den Blattunterseiten offen, um gleichzeitig genug Kohlendioxid aufzunehmen. Der Wasserverlust ist dabei schon gewaltig, denn für jedes aufgenommene Kohlendioxidmolekül werden mehrere hundert Wassermoleküle verdunstet. Berücksichtigen wir die physikalischen Gesetzmäßigkeiten, bleibt dies ein kaum verstehbares Wunder.

Wird aber zu wenig Wasser bis in die Baumkrone nachgeliefert, kommt die Leben erhaltende Photosynthesearbeit der Chloroplasten in den Blättern zum Erliegen. Trotz dieses raffiniert ausgeklügelten Leitungssystems bleibt offensichtlich doch eine Grenze des Höhenwachstums der Bäume bestehen. Diese Grenze ist einfach durch die "Nachfrage" und das "Angebot" von Wasser bestimmt. Je höher und größer ein Baum, desto mehr Blätter müssen mit Wasser versorgt werden. Ein Versorgungsmangel wird naturgegeben in den höchsten Bereichen des Baumes auftreten, der dem weiteren Wachstum in die Höhe Grenzen setzt. Für das Wachstum in die Breite bestehen solche Grenzen zunächst nicht, wenn der Baum genügend Platz hat. Hier gelten aber die Grenzen der Belastbarkeit der Äste, wie wir das auf Seite 26 beschrieben haben. Ähnlich, wie unser Gleichgewichtssinn streben auch Bäume im Höhenwachstum in der Senkrechten nach oben. Obwohl dies ja nicht selbstverständlich wäre, bleibt es vor allem für große Bäume dringend notwendig. Im anderen Fall müssten die Wurzeln zusätzlich unnötige statische Belastungen auffangen. Beeindruckende Beispiele können wir an Berghängen oder an umgestürzten aber weiter wachsenden Bäumen beobachten. Bäume wachsen nicht in den Himmel, weil sich jeder Baum abgesehen von den genetischen Vorgaben in seinem Wuchs schließlich auf ein Gleichgewicht zwischen seinem Wasserbedarf und der Wasserleitfähigkeit bis in die Baumkrone gegen die Schwerkraft einstellen muss.

Interessant wäre es, hier einen Vergleich mit unserem Wirtschaftssystem zu wagen: Bei der Wachstumsgrenze eines Baumes geht es offensichtlich auch um das Verhältnis von Angebot und Nachfrage. Nachgefragt wird Wasser, das vom Boden bis zu den Blättern in die Krone des Baumes heraufgeschafft werden muss. Je größer der Höhenunterschied zwischen Boden und Baumkrone, desto geringer wird das Angebot. Ein ständig erweitertes Angebot sorgt in unserem Wirtschaftssystem für weiteres Wachstum. Müsste man dann nicht eher von einem Überangebot produzierter Güter sprechen? Wäre es in unserem Bilde gedacht nicht so, als hätte man den Wurzeldruck im Leitungssystem eines Baumes mit einer kräftigen Pumpe künstlich vervielfacht und immer größere dem Boden entzogene Wassermengen ins Leitungssystem gepresst? Natürliche Systeme begrenzen sich selbst und sorgen für ein Gleichgewicht. Ein Baum hat diese technischen Mittel einer künstlich gesteigerten Energiezufuhr gegen die Schwerkraft nicht. Zwar besitzt er ein raffiniertes Leitungssystem, das bis heute noch viele

Rätsel enthält, und welches das benötigte Wasser bis weit über die Zehnmetergrenze in die Blätterkrone zu transportieren vermag. Trotz aller Raffinesse der Natur bleiben hier die Möglichkeiten des Wachstums jedoch nach wie vor begrenzt.

Technische Mittel scheinen in den weltweiten Wirtschaftssystemen Möglichkeiten zu schaffen, solche natürliche Grenzen immer wieder zu überspringen. Doch die zunächst erreichten Vorteile im Wettbewerb und der Konkurrenz schaffen neue Probleme der Unverträglichkeiten in der Lebenswelt, zu der auch wir Menschen gehören. So überlasten wir die Äste, auf denen wir sitzen. Vielleicht könnte man hier doch von der in Milliarden Jahren erworbenen "Erfahrung der Natur" etwas mehr darüber lernen, warum die Bäume nicht in den Himmel wachsen können. Ein Analogieschluss auf die Grenzen des Wachstums in Bereichen der Wirtschaft wäre dann vielleicht naheliegender, wenn wir Menschen bewusst akzeptierten, Teil dieser Natur zu sein.

Diese
etwa 100 Jahre alte
Buche sollten Sie sich
etwa 20 m hoch und mit
etwa 12 m Kronendurchmesser
vorstellen. Mit mehr als 600 000
Blättern verzehnfacht sie ihre etwa 1200 qm
Blattfläche. Durch die Lufträume des
Blattgewebes entsteht eine Gesamt-
Oberfläche für den Gasaustausch von etwa
15 000 qm, also zwei Fußballfeldern! 9 400 l = 18 kg
Kohlendioxid verarbeitet dieser Baum an einem
Sonnentag. Bei einem Gehalt von 0,03 %
Kohlendioxid in der Luft müssen etwa 36 000 cbm Luft
durch diese Blätter strömen. Die in der Luft schwebenden
Bakterien, Pilzsporen, Staub und andere schädliche Stoffe werden
dabei größtenteils ausgefiltert. Gleichzeitig wird die Luft
angefeuchtet, denn etwa 400 l Wasser verbraucht und
verdunstet der Baum am Tag. Die 13 kg Sauerstoff,
die dabei vom Baum durch die Fotosynthese als Abfallprodukt geb.
werden, decken den Bedarf von etwa 10 Menschen. Außerdem
produziert der Baum an diesem Tag 12 kg Zucker, aus dem er al.
seine organischen Stoffe aufbaut. Einen Teil speichert er als Stär.
aus einem anderen baut er sein Holz. Wenn nun der Baum
gefällt wird, weil eine neue Straße gebaut wird, oder weil jeman.
sich beschwert hat, dass der Baum zu viel Schatten macht
oder gerade dort ein Carport aufgestellt
werden soll, so müsste man etwa 2000

junge Bäume

mit einem

Kronenvolumen

von jeweils

1 cbm pflanzen,

wollte man die

vollwertig ersetzen.

Die Kosten dafür dürften etwa 150 000,- € betragen.

13. Wirkungen und Ursachen der Schwerkraft

Unsere gedankliche Wanderung nähert sich wieder dem Ort, von welchem wir ausgegangen waren. Wir hätten nach zwei Jahren im November auf unserer Nordseeinsel wieder ein Feuer entzünden können. Wir denken darüber nach, warum ein Feuer überhaupt brennen kann. Unzählige Blätter entlassen große Mengen elementaren Sauerstoffgases, halten die Lufthülle unserer Erde schon seit langer Zeit fern vom chemischen Gleichgewicht in einem Zustand einer oxidierenden, energiegeladenen Atmosphäre. Sie entziehen der Atmosphäre das Kohlendioxid und erzeugten daraus hochwertige organische Stoffe, indem sie vorwiegend Wasserstoff, Sauerstoff, Kohlenstoff und Stickstoff als elementare Bausteine für komplexe Kohlehydrate und Proteine verwenden. Daher brennen hier auch unsere Holzscheite und entlassen die in ihnen gespeicherte Sonnenenergie. In der kühlen Abenddämmerung tut diese Wärme gut.

In diesen zwei Jahren hatte der Mars die Ekliptik, die "Straße" der Sonne und der Planeten, auf der sie scheinbar die Erde umrunden, durchlaufen. Nun steht der rote Nachbarplanet wieder fast im gleichen Sternbild, wie vor zwei Jahren. Eine solche Dublette geschieht nicht immer so genau, sondern bildet eine besondere Konstellation, die aber mit einer bestimmten Regelmäßigkeit wiederkehrt. Auch dies sei ein Zeichen, als wären wir wieder am gleichen Punkt angekommen, wenn nicht Wolken die Sicht etwas verschleiert hätten.

Mit einem Planetarium lassen sich die Wege der Planeten und ihrer Monde gut darstellen. Hier wird jedoch nur den Naturgesetzen entsprechend nachgerechnet. Ihre Wege, auch die der fernen Gestirne, sind bestimmt von einer über weite Räume wirkenden Kraft, die wir selbst als "Gewicht" wie selbstverständlich spüren. Wie berichtet wollte sogar Galilei diese Fernwirkung einer Kraft auf die Gezeiten, die vom Mond oder von der Sonne ausgehen sollte nicht für möglich halten. Erst seit Keplers und Newtons Untersuchungen wissen wir, dass die Schwerkraft über weite Entfernungen über den leeren Raum wirksam ist. Newton fand die Gesetze, nach der sich ihre wirkende Kraft abhängig von den beteiligten Massen und deren Abstand berechnen lässt. So sind Abstände und Umlaufzeiten der Planeten und auch der Monde bestimmbar. Auch die künstlich vom Menschen geschaffenen Satelliten bewegen sich auf den Meter und die Sekunde genau nach diesen Gesetzen, sofern sie auf den Wegen nicht durch andere Schwerefelder gestört werden. Ihre Wege müssen sich nach den Schwerkraftfeldern im Raum richten. Wir spüren diese Kraft als "Gewicht" der Dinge. Ihre Richtung weist zum Zentrum des Erdballs. Mit einem Lot und der Wasserwaage, wie wir sie beim Bauen benutzen, lässt sich ihre Wirkrichtung genau ermitteln. Unser Gleichgewichtssinn, und offenbar besitzen sogar Pflanzen ein entsprechendes Sensorium, registriert kleinste Abweichungen. Dieser Sinn bestimmt für uns, was oben und unten ist.

Über lange Zeit konnten sich die Menschen nicht vorstellen, dass diese Richtung an anderen Orten des Erdballes eine andere ist. Bei den Tieren und besonders beim Menschen muss der empfindliche Gleichgewichtssinn die Dynamik aller Bewegungen im Raum mit einbeziehen. Zu erheblichen Belastungen dieses Sinnes, ja zu Schwindelanfällen können hier schnelles Rotieren oder Achterbahnfahrten führen. Jeder Mensch hat da so seine eigenen

Erfahrungen, die sich auch in Ängsten wie zum Beispiel in der Höhenangst äußern können. Ein Dachdecker zu werden wird an der Frage scheitern, ob man schwindelfrei ist. Als wären die Gesetze der Statik jedoch auch den Lebewesen der Fauna intuitiv bekannt, richten sie ihr Wachstum danach aus, die Last ihrer Biomasse optimal tragen zu können. Sogar die Besonderheiten von Hanglagen, von Klima- und Windverhältnissen finden dabei ihre Berücksichtigung. Ein geschlossener, engstehender Nutzwald mit Nadel- oder Laubbäumen zeichnet sich durch einen genau lotrechten Wuchs seiner Stämme aus, wenn er nicht besonderen klimatischen Bedingungen ausgesetzt ist. So bestimmt die Schwerkraft sogar die Gestalt vor allem großer Pflanzen. Versuche mit bepflanzten Töpfen, die um eine Achse in der Waagerechten langsam rotieren, zeigen, wie Pflanzen sich orientieren, wenn sie kein feststehendes Schwerefeld registrieren können. Die Pflanzen in den sich drehenden Blumentöpfen wuchsen in der waagerechten Richtung weiter, konnten sich also nicht an der sich ändernden Richtung der Schwerkraft orientieren.[6] In der Schwerelosigkeit einer Raumstation zeigten Moose einen spiraligen Wuchs, als suchten sie nach der Kraft, an der sie sich orientieren könnten. Als zweite, richtende "Kraft" des Wachstums kann man bei vielen Pflanzen, vor allem an Blättern beobachten, sie orientiert sich zum Licht hin, den Strahlen des Sonnenlichtes entgegen. Der Biologe unterscheidet hier Gravitropismus und Phototropismus.

Mit einer ganz einfachen Frage können wir schließlich unsere Gedanken zum Pflanzenwuchs abschließen: Wie kann ein aus dem Samen austretender Keimling noch in dunkler Erde wahrnehmen, in welcher Richtung oben und

6 www.sueddeutsche.de/wissen/botanik-wie-blumen-waagerecht-wachsen-1.2090243 gelesen. Nov. 2015 Interessant: Die Töpfe unten zeigen, wie sie ohne Rotation weiter wachsen.

unten ist? Dies ist für den Keimling eine Überlebensfrage und setzt selbst im Samen noch eine Art Gleichgewichtssinn voraus, sei er auch noch so einfach.

Das sich in der Evolution aus dem Allerkleinsten entwickelnde Leben auf unserem Planeten hat die Eigenschaften der Atmosphäre und der Oberfläche der Erdkruste stark zu seinen Gunsten verändert. Immer konstant blieb jedoch die Gravitation seit dem Ursprung des Lebens. Als die Lebewesen begannen das Land zu erobern, gewann die Frage nach dem Oben und Unten ja zunehmend an Bedeutung. Für die nun fehlende stützende Funktion des umgebenden Wassers, mussten belastbare Körperstrukturen entwickelt werden. Für Physiker unserer Zeit gehört die Schwerkraft zu den vier Grundkräften. Zwei dieser sogenannten Wechselwirkungen betreffen nur den Zusammenhalt der Atomkerne. Es folgen die elektromagnetische Kraft mit anziehender und auch abstoßender Wirkung. Wer hat hier nicht mit Magnetspielzeug schon seit Kindertagen seine Erfahrungen sammeln können. Diese elektromagnetischen Wirkungen bestimmen die gesamte Elektrotechnik. Mit Lichtgeschwindigkeit durcheilen die elektromagnetischen Wellen durch unendliche Räume zum Beispiel als Radiowellen, als Wärme oder als Licht. Die Schwerkraft oder die Wechselwirkung der Gravitation, mit der wir uns in diesem Büchlein beschäftigt haben, hat wie wir es ja unmittelbar wahrnehmen, lediglich eine anziehende Wirkung. Ihre Reichweite erstreckt sich jedoch merkwürdigerweise hinein in astronomische Entfernungen. Wer würde aber aus eigener Erfahrung annehmen, dass die Gravitation die allerschwächste dieser vier Wechselwirkungen ist. Berechnen lässt sich natürlich, wie viel mal stärker die elektromagnetische Kraft wirkt, als die Schwerkraft. Der Verhältnisfaktor ist so gewaltig, dass sich sein

Zahlwert jeder menschlichen Vorstellung entzieht, in etwa eine eins mit 37 Nullen. Diese eigentlich so kleine Kraft spüre ich nur, weil der fast kugelförmige Erdplanet mit einer unvorstellbar großen Masse etwa 6 Quadrillionen kg an seiner Oberfläche auf mich mit meiner eigenen Masse von etwa 70 kg wirkt. Dies gilt auch umgekehrt, denn unsere physikalischen Vorstellungen verstehen dies heute als eine Wechselwirkung. Sie bewirkt eine Beschleunigung, obwohl wir das nicht als solche wahrnehmen, wenn wir auf festem Boden stehen. Gut wahrnehmbar ist das in einem Fahrstuhl. In seiner Auf- oder Abwärtsbeschleunigung könnten wir mit einer Personenwaage die Veränderungen der Körperlast auf die Waage beobachten. Bis ins 17. Jahrhundert hatte man dies dagegen als Gewicht meines Körpers verstanden, unabhängig ob ich mich auf der Erde oder auf einem anderen Himmelskörper befinde. Im Bereich der Umgangssprache wird dies ja noch so ausgedrückt.

Was wir umgangssprachlich noch wie selbstverständlich sagen, muss nun erklärt werden. Wir leben nicht auf den Planetoiden des "Kleinen Prinzen" von Antoine de Saint Exupéry. Auch wenn es widersprüchlich erscheint, hier könnten Riesen, denen Gulliver begegnet sein soll, eher existieren. Unser Planet Erde hat dagegen eine entsprechend große Masse, die zwischen den Körpern und der Erdmasse wirkt. Auch wenn diese Kraft mit wachsender Entfernung schwächer wird, reicht sie bis zum Mond und weiter in den Weltraum hinein. Sie zwingt den Mond in seine Umlaufbahn, dieser fällt, wie wir gesagt hatten, um die Erde herum. Genauso zwingt auch die Sonnenmasse alle Planeten und die vagabundierenden Kometen in ihre Bahnen.

So lässt sich alles berechnen, zum Beispiel, dass die Gewichtskraft einer Masse von 70 kg an der Erdoberfläche grob 700 Newton beträgt, an der Mondoberfläche dagegen nur ungefähr 9 Newton. Auch alle Planeten, ihre Monde, die Wege künstlicher Weltraumsonden gehorchen den Gesetzen der Gravitation. Wirken jedoch mehr als zwei große Massen in nicht zu unterschiedlichen Entfernungen aufeinander ein, kommt es zu Störungen, die sich nicht mehr exakt nach Gesetzen verhalten, die berechnet werden können. Dies sogenannte Dreikörperproblem wurde schon vor knapp 200 Jahren erkannt. Es ließ sich bis heute nicht zufriedenstellend lösen, weil es hierbei eher zu einem chaotischen unvorhersehbaren Verhalten kommt. So bleiben selbst bei dieser uns von Anbeginn vertrauten Schwerkraft in der universalen Gültigkeit ihrer Gesetzmäßigkeiten Fragen offen, je weiter wir vordringen. Es entstehen graue und weiße Flecken in der Landkarte unseres Wissens. Doch wir könnten uns ja damit beruhigen, solange wir uns nicht allzu weit vom blauen Planeten entfernen, verstehen wir die Wirkung der Gravitation vollkommen. Die Anwendungen der Formeln, mit denen die Gavitationsgesetze exakt beschrieben sind, führen in solchen Fällen immer zu verwertbaren Ergebnissen.

Doch auch dabei gibt es mehr oder weniger große weiße Flecken in den Landkarten unseres Wissens auch zum Thema Gravitation. Zwar lässt sich ihre wirkende Kraft recht gut und exakt beschreiben, sofern nicht allzu viele andere Komponenten mit hinein wirken. Davon wissen vor allem die Meteorologen ein Lied zu singen. Man könnte denken, hier spiele die Schwerkraft überhaupt keine Rolle. Richtig ist, dass hier besonders viele andere Einflüsse mitwirken. Bei allen Luftbewegungen in der Vertikalen bleibt das Wirken der Gravitation jedoch von erheblicher Bedeutung. Eine Wettervorhersage ist daher immer eine schwierige Aufgabe und kann über den den Zeitraum einer Woche kaum noch berechnet werden. Auch wenn hier die die Gültigkeit der Naturgesetze immer gewahrt bleibt, verläuft Wetter chaotisch. Chaos erzeugt Ereignisse, die nur mit einer bestimmbaren Wahrscheinlichkeit zu erwarten sind.

Ein großes Rätsel bleibt es jedoch, wenn wir fragen, wie Gravitation überhaupt entsteht. Hier reihen sich nur ungelöste Fragen aneinander: Gibt es überhaupt solch ein wechselwirkendes Teilchen, dem man den provisorischen Namen Graviton gegeben hat? Gibt es so etwas wie Schwerewellen? Gilt die Lichtgeschwindigkeit auch für die Gravitation? Auch wenn in letzter Zeit in den Zeitungen viel von den so genannten Higgsteilchen bei den Experimenten im Kernforschungszentrum CERN bei Genf die Rede war, müssen wir kurz feststellen, dass dies immer noch offen Fragen geblieben sind. - Es bleibt immer noch ein Rätsel, warum Materie eine Masse besitzt, die über den leeren Raum ohne direkte Berührung auf eine zweite Masse oder gar entfernte Massen wirken kann. So geht es uns hier wie bei anderen Grundfragen, mit denen wir versuchen, die Gesetzmäßigkeiten der uns umgeben-den Natur zu verstehen.

Es wird für uns heute fast wichtiger wahrzunehmen, was wir nicht wissen oder vielleicht sogar, was wir nicht wissen können. Möglicherweise würde uns die intensivere Wahrnehmung dessen, was wir nicht wissen, vor mancher vorschnellen Anwendung von Laborerkenntnissen spezialisierter Disziplinen bewahren. Eine bescheidenere Haltung der Menschen wäre, nicht so zu handeln, als hätten wir alle erforderlichen Kenntnisse in vollem Umfang zur Verfügung. Jedoch das Profitstreben wird uns immer wieder daran hindern, auf die weißen Flecken in der Landschaft unserer Wissenschaften zu achten. Deshalb wäre deutlich darüber zu sprechen, welche offenen Fragen im Wirken unseres Handelns bestehen. Vielleicht würde uns ein solches Bewusstsein helfen, zu einer friedlicheren Koexistenz mit der Welt des Lebens zu finden.

Allein die Kraft, die den Mond an die Erde bindet, hinter dessen Horizont die „Vollerde" hier gerade aufging, ist schon rätselhaft genug. Die schwächste der vier Grundkräfte bewirkte wechselseitig dort drüben in den ozeanischen Gewässern eine Springflut im Verein mit der hier im Rücken stehenden, fernen Sonne.

14. Ehrfurcht vor dem Leben auf unserer Erde

Seit über vier Milliarden Jahren hat unser Planet Erde ungestört seine Entwicklung durchlaufen können. Sie ging in sich selbst, und so wie im Kapitel 5 beschriebenen, im großen Umkreis von etwa fünf Lichtjahren des Weltalls einzigartig, unwiederholbar störungsfrei aufbauend vor sich. Mit Ehrfurcht haben Astronauten davon gesprochen, denen es vergönnt war, die in ihren Wolkenbildern lebendig wirkende irdische Heimat vor dem samtartig schwarzen, tiefen Hintergrund des Weltraumes anzuschauen.[7] Was sich unter den strahlend weißen Wolken und in den blau leuchtenden Flächen der Ozeane seit jenen Urzeiten Schritt für Schritt entwickeln konnte, haben wir versucht in einigen Aspekten zu beschreiben. Um zu ermessen, welch ungewöhnliche Prozesse hier in immer umfangreicherem Maße möglich wurden, muss man bedenken, dass ein Hervorbringen lebender Materie, die ja eine Materie mit hoher Ordnung werden muss, der Neigung aller Materie in ungeordnete Zustände zu verfallen völlig entgegen steht. Kurz: In allen physikalischen Prozessen herrscht das Gesetz der zunehmenden Entropie – von geordneten zu ungeordneten, unterschiedslos ausgeglichenen Zuständen. Geschützt in einem Zellkörper gelingt der entgegengesetzte Weg in biologischen Prozessen – vom ungeordneten Gleichmaß zur Ordnung mit deutlichen Unterschieden im Inneren und Äußeren. Zum Leben führt ein dem Normalen entgegengesetzter Weg der Syntropie. Innerhalb einer schützenden Zellenblase, innerhalb des Körpers eines Lebewesens bauen sich Strukturen mit raffiniert hoher funktionaler Ordnung auf. Diese biologischen Prozesse

7) Das Bild des Erdplaneten, fotografiert aus der Mondumlaufbahn, spricht dies deutlich aus.

benötigen eine ständige Zufuhr von Energie. Kostenlos ist diese Rechnung nicht, denn in der Außenwelt wird der entsprechende Energiebetrag ja verbraucht, das Gesetz der Entropie kann nie umgangen werden. Doch ohne den immensen Energievorrat der Sonne wäre die Erde auch ein lebloser Planet, wenn sie nicht genau im passenden Abstand zu der etwa 6000 Grad heißen Sonnenoberfläche kreisen würde. So muss die physikalisch unvermeidliche Rechnung der Entropie für all die synergetischen Lebensprozesse auf der Erde spätestens erst im Wärmetod der Sonne „bezahlt" werden.

Immer besteht die Materie des Lebens aus großen genau strukturierten Molekülgruppen, die abgesehen von einzelnen Spurenelementen aus einer Vielzahl der vier Grundbausteine Wasserstoff, Sauerstoff, Kohlenstoff und Stickstoff aufgebaut sind. Kohlenstoff neigt dazu Molekül-ketten zu bilden, so können diese Bausteine für die Materie des Lebens immer größer und vielfältiger zusam-mengesetzt werden. Die Lebensenergie, die sich in dieser Materie äußert, im Wachsen, im Suchen und Bewegen, im Werden und auch im Vergehen, ist so weit entfernt vom chemischen Gleichgewicht wie auch die Lufthülle, die das gesamte Erdenrund umgibt. Deshalb ist lebende Materie immer auch feuergefährdet. Die äußerst ungewöhnliche Kombination des Gasgemisches der Luft hat sich das immer weiter entwickelnde Leben seit einer Milliarde von Jahren selbst geschaffen.

Wir wollen hier nur die merkwürdige Bildung des Gasgemisches der Erdatmosphäre betrachten. Wir tun dies hier stellvertretend für all die sehr viel komplexeren Formen der biochemischen Molekülbausteine des Lebens, die sich in der über unvorstellbare Zeiträume erstrecken-den Evolution entwickelt hatten. Die Umwelt, wie wir sie heute in ihrer Vielfalt kennen, scheint ein ungeheuer großes Maß unaussprechbarer Lebenserfahrung erworben zu haben. Darum ist die Beschreibung der Umwandlung der Erdatmosphäre nun einfacher, jedoch bleibt dies ein Spiegelbild zur sehr komplexen und lebendigen Sphäre des Lebens.

Die Entwicklung begann in kleinen Schritten. Einige haben wir in den Kapiteln 9 und 10 schon beschrieben. Eine riesige Masse der Pflanzen der Erde lebt vom Sonnenlicht. Chlorophyll speichert Sonnenenergie in der Photosynthese. Vom Kohlendioxid, das zunächst in der ursprünglichen Atmosphäre reichlich vorhanden war, musste der Sauerstoff abgetrennt werden, um Kohlenstoff für die Materie des Lebens zu gewinnen. Dafür war sehr viel Lichtenergie notwendig, denn Kohlendioxid ist eine sehr stabile chemische Verbindung. So gelangte nun freier Sauerstoff als „Abfall" in die Lufthülle. Eisenvorkommen begannen zu rosten. Feuer konnten entstehen. Der Anteil von Kohlendioxid, ein Gas, das jedes Feuer erstickt, sank unter die 1 % Marke. In unserer Zeit können vor allem heute noch große bewaldete Flächen den Gehalt von 21% Sauerstoff gegenüber dem geringen Wert von 0,05% Kohlendioxid aufrecht erhalten. Nicht nur die lebende Materie befindet sich fern vom chemischen Gleichgewicht, sondern spiegelbildlich eben auch die Lufthülle unserer Erde. Würde sich jedoch der Sauerstoffgehalt noch weiter erhöhen, wäre das Leben eher durch noch mehr Feuerkatastrophen gefährdet. Doch die Gasanteile von Sauerstoff und Kohlendioxid sind optimal aufeinander abgestimmt. Alle Tiere und auch wir Menschen können nun den Sauerstoff atmen, um Energie zu gewinnen und atmen Kohlendioxid aus. Darum wundert es vielleicht, dass der Gehalt an Kohlendioxid trotz allem so gering ist. Es ist die Leistung der Pflanzenwelt, besonders der großen Wälder. So hat sich ein Sauerstoff- Kohlendioxid-Kreislauf ausgebildet, der die Balance einer lebensfreundlichen Lufthülle aufrecht erhält. Doch unsere Lebensweise produziert zusätzlich in gefährlicher Weise immer größere Mengen Kohlendioxid, trotz internationaler Abkommen zur Begrenzung. Gleichzeitig zerstören wir große Wälder, versiegeln Äcker und Wiesenflächen. So wirken wir gegen die Natur. Wir Menschen gefährden die gesamte Sphäre des Lebens, die sie sich selber schuf und erhält, deren Teil wir doch selber sind. Vielleicht könnten wir noch rechtzeitig dahin kommen, mit Ehrfurcht das gewaltige Potential an „Knowhow", welches dem Leben und Überleben dient, und das sich das Leben in den vier Milliarden Jahren der Evolution erwarb, wahrzunehmen.

Vor etwa 100 Jahren formulierte Albert Schweitzer in seinem umfangreichen Werk seiner Kulturphilosophie das Prinzip der Ehrfurcht vor dem Leben. Er verdichtete es in der Erkenntnis: *„Ich bin Leben das Leben will inmitten von Leben, das leben will."* und sagt dazu *„Dies ist nicht ein ausgeklügelter Satz. Tag für Tag, Stunde für Stunde wandele ich in ihm."*[8] Veröffentlicht hatte Schweitzer die Bände Kulturphilosophie I und II schon 1923. Wie wahr diese Aussage bleibt, könnten wir mit dem heutigen Wissen noch viel besser bestätigen, denn seit dieser Zeit haben sich die wissenschaftlichen Erkenntnisse in der Molekularbiologie und vor allem in der Biochemie erheblich erweitert. Zwar versteht man die energetische Stoffwechselprozesse in den Zellen lebender Systeme sehr viel besser, kann die biochemischen Vorgänge im Einzelnen beschreiben, jedoch was oder wer das Leben hervorgerufen hat, wie die zum Teil äußerst raffinierten, kleinschrittigen Reaktionszyklen entstehen konnten, wie das Verfahren der genauen Kopie von Molekülgruppen

8 Schweitzer, Albert: Kulturphilosophie, München 2007 S. 308

sich etablieren konnte, all diese Fragen blieben bis heute als Wunder unerschlossen.

Viele der grundlegenden biochemischen Reaktionsprinzipien entwickelten sich im Proterozoikum in den Meeren, im Zeitalter dieser ursprünglichen, nur im Mikroskop sichtbaren Kleinstlebewesen, die es heute immer noch gibt. Es bleibt erstaunlich, dass die hier entwickelten Reaktionsverfahren dann als Erfolgsrezept für alle Lebewesen der gesamten Flora und Fauna bis in unsere Zeit hinein übernommen wurden. Das gilt vor allem für eine wichtige Reaktionskette, die über Adenosindiphosphat (ADP) zu Adenosintriphosphat (ATP) auf universelle Weise Lebensenergie speichert, um sie an anderer Stelle, wo nötig wieder abzurufen. Adenosinphosphat, ein universaler, regenerierbarer Energieträger für alles, was auf der Erde lebt, ist dies nicht eine offensichtlich geniale „Erfindung" der Natur? Auch im Großen ist für die Erdatmosphäre festzustellen, auf welche Weise der frühzeitlichen Stickstoff-Kohlendioxid-Atmosphäre von dem Mikrobenheer der Chloroplasten das Kohlendioxid entzogen und reaktiver Sauerstoff zugeführt wurde. Dies wurde zur biologischen Leistung aller Pflanzen. Ein weiteres Wunder ging daraus hervor, dass nun Mikroben, die Mitochondrien, begannen, Sauerstoff zu atmen, um Energie gewinnen zu können und Kohlendioxid dabei aussonderten. Ein immer weiter ansteigender Anteil des Sauerstoffs hätte die Pflanzen selbst in Feuerstürmen umgebracht. Seit etwa gut 500 Millionen Jahren hat sich so die natürliche, das Leben begünstigende Balance zwischen Sauerstoff und Kohlendioxid in der Atmosphäre erhalten. Die Ehrfurcht vor der angepassten Balance dieses Gleichgewichts würde uns dringend daran erinnern, zusätzlich anwachsende CO_2-Emissionen unserer industriellen Wirtschaft weitergehend zu vermeiden.

Ein Perspektivwechsel könnte notwendig werden. Er würde beginnen, wenn wir einmal unsere Gedanken von der weiteren Notwendigkeit industriellen Wachstums abwenden. Wir müssten dann die Werte und die verborgenen Erfahrungen, wie sie sich über die unendlichen Zeiten der Evolution entwickelt hatten und außerdem die nur zum Teil verstandenen Wunder unserer natürlichen Umwelt wahrnehmen. So würde sich ein weites Feld anderer und neuer Aufgaben eröffnen. Von der subversiven, schleichenden Zerstörung der Biosphäre unserer Erde würden wir eher zu ihrem Erhalt beitragen.

Wie verletzlich und klein ihr Raum ist, zeigt im Modell ein Globus, den man mit einer dünnen Plastikfolie eng anliegend einhüllt. Das Volumen der Plastikfolie entspricht dem Raum unserer Biosphäre der Erde, unserem Lebensraum. Ehrfurcht vor allem Leben, das darin wirkt, könnte helfen, den im Verhältnis kleinen Lebensraum soweit nur irgend möglich zu erhalten. Buchstäblich sind wir Menschen selber Leben inmitten von Leben.

15. Der Blick in die Tiefe des Vergangenen

Drei Enkel sind zu Besuch bei den Großeltern. Draußen regnet es. Herbstliches kaltes Schmuddelwetter. Lasse, Jule und Piet freuen sich so auch einmal, in warmen Wohnzimmer der Großeltern auf Entdeckungsreise zu gehen. Piet betrachtet die uralten Schmuckstücke, die in einer großen Holzschale wie für eine Ausstellung aufgereiht beieinander liegen. Von vielen Reisen hatten sie die Großeltern mitgebracht. Nicht nur von diesen Reisen wäre zu jedem dieser Steine zu erzählen, sondern auch von jedem über dessen ureigenen Geschichte, die hunderte von Millionen Jahren in die Vergangenheit führt.

Begeistert schauen auch Lasse und Jule auf die bunte, glitzernde Vielfalt der Minerale. Sie entdecken auch Donnerkeile und Ammoniten. Ahnen sie vielleicht etwas von den Geheimnissen aus der Entstehungsgeschichte der Erde, auf die diese Fundstücke hinweisen können? Das unmittelbare Anschauen offenbart seine Geschichte nicht. Ähnlich wie der Blick in die Welt der Sterne führt das sorgfältige Vergleichen solcher Steine mit ihren inneren Spuren in vorgeschichtliche Zeiten. Ein besonderes Fundstück der Sammlung, das einem geschnittenem Brötchen gleicht, findet das besondere Interesse von Piet, und er bemerkt, dass man es öffnen kann. Was mag es wohl enthalten? Beide Teile passen genau aufeinander.

Leicht sind in der unteren Hälfte zwei versteinerte Meerestiere und im dem Deckstein deren konkaves Negativ als Abdruck zu erkennen. Es sind zwei Trilobiten.

Da erzählt Piet, von solchen Tieren schon in einem Buch gelesen zu haben. Sie hätten vor vielen Millionen Jahren auf dem Meeresboden gelebt und wären schon lange ausgestorben. Dass er nun zwei solcher Tiere als Versteinerung in der Hand halten kann, ist doch viel schöner als ein Bild im Buch! Nun ergänzt der Großvater aus seinem Wissen, holt ein Buch über die Vorgeschichte des Lebens, der Pflanzen und der Tiere.

Gemeinsam beginnen sie zu lesen und das Fundstück mit den Bildern zu vergleichen. „Trilobiten!"; "Tri-" für drei und "Lobos" für Lappen, also ein "Dreilapper". Diese waren Gliederfüßler, wie heute auch Krebse oder Kellerasseln. Sie bevölkerten die Meere in der Welt der allerersten für menschliche Augen sichtbaren Lebewesen vor etwa 500 Millionen Jahren. In den 300 Millionen Jahren ihrer Existenz entwickelten sie viele voneinander verschiedene Arten. Nun sind 200 Millionen Jahre vergangen, seit es sie nicht mehr gibt. Aber noch heute finden wir viele ihrer Versteinerungen in den Gesteinsschichten des Kambriums.

Auch an anderen Orten sind solche Gesteinsschichten zu finden, die genau den Gesteinsschichten von Wales (lateinisch Cambria) in England entsprechen. So enthielten sie die Leitfossilien für die Epoche des sich üppig entfaltenden Lebens während der sogenannten "Kambrischen Explosion".

Piet hält die zwei versteinerten Tiere in seiner Hand und gibt sie dann an Jule und auch Lasse weiter. „Ich kann mir gar nicht vorstellen, dass diese Krabbeltiere vielleicht mal vor 400 Millionen Jahren am Grunde eines Meeres nach Nahrung suchten", meint Lasse. Was verbindet all die Tiere, die heute leben, mit diesen, schon vor langer Zeit ausgestorbenen Urtieren? „Sehen die nicht aus, wie riesige Kellerasseln?" - „Solche kleinen habe ich schon mal unter einem Stein entdeckt," meint Jule. Doch auch ohne jede Gemeinsamkeit finden heute Evolutionsbiologen in Bereichen des genetischen Erbgutes nicht so viele Unterschiede, wie man eigentlich vermuten müsste. Im Gegenteil, die Gene in menschlichen Zellen zeigen viele Ähnlichkeiten auch mit den Genen der Zellen solcher urzeitlichen Tiere. Deren Gene waren alles andere als primitiv. Sie bestimmten vor allem die grundlegenden Fähigkeiten der Tiere, wie sie sich seit 500 Millionen Jahren erst im Meer und dann auch auf dem Land entwickeln konnten.

Doch dieses grundlegende genetische Erbgut der Tiere ist unvergleichlich älter. Seeanemonen, Nesseltiere, die schon vor dem Kambrium vor etwa 600 Millionen Jahren auf dem Meeresgrund erschienen, können auch heute noch als Lebewesen beobachtet werden. Diese von Gestalt sehr einfachen Tiere dienen den Evolutionsbiologen als Modell für gestaltbildende und genetische Untersuchungen. Die Erbgutvergleiche erbrachten in letzter Zeit die erstaunliche Entdeckung, dass sich die höher entwickelten Wirbeltiere und diese ursprünglichen Nesseltiere im Erbgut sehr viel ähnlicher sind, als man bisher glaubte.[9] Vor ihrem Erscheinen lebten unzählige, winzige Mikroben, später etwas größere Einzeller, nicht einmal millimetergroß, schon mehrere Milliarden Jahre in den Meeren. In dieser Zeit konnten sie die Gene entwickeln, die den vielen Lebewesen, die wir heute kennen, trotz aller Unterschiede gemeinsam sind.

Die Kinder schauen auf die beiden versteinerten, aus der Urzeit stammenden Meeresbewohner. Der Großvater deutet an, was wir heute über diese Zeit wissen, als sie noch lebten. Unsere erfahrbaren Kenntnisse haben sich ständig erweitert und wir blicken tiefer in vergangene Zeiten. Trotzdem bleibt uns nur ein Ahnen. Über die weit in die Vorgeschichte der Erde reichenden Voraussetzungen für unser eigenes Leben und alles Leben in unserer Umwelt wissen wir zwar in den vielen Details immer mehr, doch über viele Entwicklungsschritte weiterhin sehr wenig. Jedes einzelne Lebewesen ist äußerst verletzlich, kann in Sekunden unwiderruflich ausgelöscht und zerstört werden, doch es hat eine Vorgeschichte, die Milliarden von Jahren im Vergangenen wurzelt. Dies ist ein Grund mehr, die Wunder im Werden und Vergehen in den Gestalten des Lebens wahrzunehmen, und vieles spricht dafür, jedes Leben, wo dies nur möglich ist, zu achten.

Diese Wahrnehmung enthält auch eine Ahnung von der Ehrfurcht vor der gewonnenen Lebenserfahrung der Evolution, die diese in über drei Milliarden Jahren Entwicklungszeit gewann. Demgegenüber führte die industriell bestimmte Konsumgesellschaft, wie sie in kaum zwei Menschengenerationen entstanden war, zu einem

9 vergleiche: www.uni-heidelberg.de/presse/ruca/ruca07-1/sprung.html gelesen Nov. 2016

anmaßend respektlosem Handeln im Umgang mit der Natur. Das zeigt sich zum Beispiel in dem mehr oder weniger bedenkenlosen Gebrauch industrieller „Pflanzenschutzmittel" in den der wirtschaftlichen Effektivität angepassten Monokulturen, entsprechend in der Massentierhaltung. Zu hinterfragen, was für uns in der modernen, auf Wachstum orientierten Wirtschaftswelt mit ihren Lieferketten und Entsorgungssystemen zu einer gewohnten Selbstverständlichkeit geworden ist, kostet einige Mühe. Allzu schnell gilt für den Betriebswirtschaftler der billige Preis im Supermarkt als alternativlos, gegenüber einer Ware, die in kleineren Einheiten in nachhaltiger, an der Natur orientierten Wirtschaftsweise bereitgestellt werden kann. Die Evolution hatte auf ihrem Weg immer Alternativen „erfunden". Im Gegensatz zu den expansiven Industriekonzernen unserer Zeit können die ökologischen Kleinbetriebe, die sich immer mehr örtlich etablieren, mit größerer Wertschätzung und Ehrfurcht vor der gewachsenen Natur in unserer Umwelt handeln.

Die Fragen und Rätsel im uns ursprünglich Selbstverständlichen, so wie wir diese nun in zahlreichen Kapiteln hier durchwandert haben, könnten auch dazu beitragen, allem, was um uns lebt, mit mehr Achtsamkeit zu begegnen. Mit mehr Bescheidenheit wäre anzuerkennen, dass wir trotz umfangreichen Fachwissens viele Zusammenhänge im Netzwerk der Natur nicht kennen oder nur unzureichend verstehen. Dies könnte auch bedeuten, für zunehmend entstehende Umweltschäden auf manche technische Lösung zu verzichten, die allzu leicht dann selbst zu einem weiteren Teil des Problems werden kann. Wie oft schon haben menschliche Eingriffe in den Haushalt der Natur verheerende Folgen bewirkt und eine verarmende Natur hervorgerufen. Eine so verarmte Natur wird schließlich auch zu einem verarmten menschlichen

Leben führen. Vor einer solchen Entwicklung warnt zum Beispiel der Philosoph Hans Jonas und ergänzt, "es wird zur [...] Pflicht des Menschen [...] zu schützen den unglaublich reichen Genpool, der von [den] Äonen[10] der Evolution hingelegt worden ist."[11]

Kindern ist vielleicht eher eine ursprüngliche, intuitive Ehrfurcht vor dem Leben gegeben, die nicht umfangreicher philosophischer Begründungen bedarf. Diese Ehrfurcht schützend zu erhalten und gedanklich bei Kindern weiter zu entwickeln wird zu einer pädagogischen Herausforderung in unserer Zeit. Albert Schweitzer stellte in den sechziger Jahren erfreut ein wachsendes Bewusstsein für die Ehrfurcht vor dem Leben fest. In dieser Zeit versahen sich viele Schulen mit dem Namen Albert Schweitzers, um ihren Schülern seine Gedanken nahe zu bringen. Aus Gründen der expansiven gewinnorientierten Ökonomie ist dies alles heute leider wieder weitgehend in Vergessenheit geraten. In überheblicher Weise beherrscht der wirtschaftende Mensch und sein Geld die gesamte Natur. Jedoch für das Leben unserer Kinder und Enkel wäre es nötiger denn je, im Sinne einer Ökologie der Nachhaltigkeit in Verantwortung für alles Leben zu handeln. Dann wären Menschen selbst Teil der Natur in Ehrfurcht und Verantwortung für die Bewahrung des Lebens

für alle Kinder dieser Erde
und stellvertretend für sie,

für Piet, Lasse und Jule.

10 in den Zeitepochen

11 Jonas, Hans; in Technik und Ethik   Herausgegeben von H. Lenk und G. Ropohl, Stuttgart 1993   S. 86

Epilog

Die im ersten und zweiten Kapitel genannten, genauen Zeitdaten werden dem aufmerksamen Leser nicht entgangen sein. Sie sollten ja auch lediglich als erfahrbare Hinweise für die vor etwa 355 Jahren von Newton beschriebene universelle Gültigkeit der Gesetze der Gravitation dienen. Dieses Gleichmaß in der Bewegung der Planeten war den Astronomen der Antike ja auch durchaus bekannt. Man schrieb dies jedoch der ewigen göttlichen Ordnung des Kosmos jenseits der Bahn des Mondes zu.

Das Datum am Anfang des ersten Kapitels vermittelt dem Leser, dass zumindest Teile des Manuskriptes schon lange in der Schublade geschlummert haben müssen. So war es auch. Vieles ist dann auch wieder neu überarbeitet worden. Lange habe ich mich mit dem Kapitel 12 über das Höhenwachstum der Bäume auseinandergesetzt. Immer noch will mir nicht recht einleuchten, wie die Natur es geschafft hatte, die vom Luftdruck bestimmte 10 Meter Saughöhe sogar um das 10 fache zu überbieten.

Neu hinzugekommen sind nur die Kapitel 5 und 14. Besonders beeindruckend empfand ich hier die gewaltig große störungsfreie Zeitstrecke für unser Sonnensystem, dem wir ja offensichtlich unser Leben und Erleben verdanken. Dass wir ohne die Vielfalt des Lebens in unserer Umwelt nicht überleben könnten, wird nun hoffentlich immer mehr Menschen Schritt für Schritt bewusst. Beide Kapitel geben unserem Wissen über die Evolution neue Impulse. So fasste ich Mut, das Wagnis der Veröffentlichung einzugehen.

Quellen:

Galilei, Galileo: Unterredungen und mathematische
        Demonstrationen Buchgesellschaft Darmstadt   1964

Lenk, Hans und Günter Ropohl (Herausgeber) Technik und Ethik
        Stuttgart 1993: Philipp Reclam

Lesch, Harald: Was hat das Universum mit uns zu tun?,
        München 2019: C. Bertelsmann

Stryer, Lubert: Biochemie, Heidelberg 2007:
        Spektrum Akademischer Verlag

Schweitzer, Albert: Kulturphilosophie, München 2007:
        Beck'sche Reihe